水産学シリーズ

59

日本水産学会監修

マダイの資源培養技術

田中　　克
松宮義晴　編

1986・4

恒星社厚生閣

ま え が き

資源培養型漁業，いわゆる栽培漁業の重要性が叫ばれて久しい．多くの水産生物について種苗生産試験や漁業資源生態調査が進められて，かなりの知見が集積されつつある．なかでも，最重要種であるマダイについては種苗の生産・供給，放流技術などモデルケースとしての実績もつまれ，現実に種苗放流が資源培養に貢献するところまできている．

資源培養型漁業という試験事業は，行政指導もあって広く全国的に実施されており，多くの機関において多数の研究者が関係している．種々の不確定で困難な問題に接し，多くの課題を抱えながら，日本水産学会では栽培漁業に関するシンポジウムは昭和50年以来開催されていない．

従来個別に論議されてきた①種苗の育成，②天然生態，③放流技術の３つの柱を，「資源培養技術」に焦点を合わせて総合的に討議する意義は大きい．今回は，将来想定される様々な培養技術の中で，現在最も着実に成果を挙げている「種苗放流」を軸に内容を設定した．マダイの資源培養技術に関する研究成果や研究の現状など基礎的知識を理解し，問題点の整理・検討を行い，将来へ向けての有効な指針をつくる必要がある．

このような背景を基に，日本水産学会では昭和60年10月12日，秋季大会の一行事として「マダイの資源培養技術」と題する下記のシンポジウムを鹿児島大学において開催した．

マダイの資源培養技術

企画責任者　平山和次（長大水）・藤田矢郎（東水大）
　　　　　　田中　克（京大農）・松宮義晴（長大水）

開会の挨拶	平山和次（長大水）
Ⅰ．放流種苗の育成	座長　北島　力（長崎水試）
1.　飼育技術の問題点	福所邦彦（養殖研）
2.　種苗の健全性	坂口宏海（長大水）
3.　種苗生産における遺伝学的諸問題	谷口順彦（高知大農）
Ⅱ．天然当歳魚の生態	座長　浅見忠彦（西海水研）
1.　稚仔魚期の生態	田中　克（京大農）
2.　幼魚期の生態と漁業	大内康敬（福岡水試）
3.　成育場における環境収容力の推定	畔田正格（水産庁）
Ⅲ．放流技術	座長　立石　賢（長崎水試）

1. 鹿児島湾における放流の成果と問題点　　椎原久幸（鹿児島水試）
2. 神奈川県沿岸における放流の成果と問題点　　高間　浩（神奈川水試）
3. 放流効果の算定をめぐる諸問題　　松宮義晴（長大水）

Ⅳ．総合討論　　座長　田中　克（京大農）
松宮義晴（長大水）
平山和次（長大水）
藤田矢郎（東水大）

閉会の挨拶

本書は当日の講演を中心として，質疑応答ならびに総合討論の要旨を収めて編集したものである（なおⅠ-2. は南西水研の福原　修氏に執筆を依頼した）．本書がマダイの資源培養技術に関する研究の発展にいささかでも寄与できれば幸いである．出版に際しては日本水産学会の関係各位ならびに恒星社厚生閣の担当者各位に大変お世話になった．ここに記して深甚なる謝意を表する．

昭和60年12月

田　中　克
松　宮　義　晴

マダイの資源培養技術　目次

Sea Farming Technology of Red Sea Bream

Edited by MASARU TANAKA and YOSHIHARU MATSUMIYA

I．放流種苗の育成

1. 飼育技術の問題点

福　所　邦　彦*

マダイ *Pagrus major* 種苗量産が初めて行われたのは1965年のことであり，その後20年が経過した．この間の量産技術の進歩は著しく，その発達史を整理するといくつかの段階性があるように思われる．すなわち，1)シオミズツボワムシ *Brachionus plicatilis*（以下ワムシと略称）の導入と大量培養法の確立，2)養成親魚の池中自然産卵による採卵法の確立，3)餌料生物の栄養価の検討と改善，4)稚仔魚飼育環境の検討と改善，5)脊柱前彎症の原因究明と発現防止法の確立，6)稚仔魚飼育と餌料生物培養の省力化と機械化，7)微粒子飼料の開発と導入，である．これらは，種苗量産技術の確立のために展開されてきた研究大項目とも換言でき，7項目の研究課題と並行してマダイ仔魚の生物学的特性に関する知見も集積された．今後は，量産のための日常飼育管理の省力化と，種苗の質的向上を目的とした研究が展開されるものと思われる．

ここでは，マダイの種苗量産技術を4つの分野に分けて，前述の発達段階を考慮しながら各分野ごとの現状と問題点を整理し，量産技術をさらに向上させるための方策を検討したい．

§1. 親魚養成と採卵

養成した親魚の自然産卵による採卵法の確立は，マダイの量産を可能にした大きな要因の一つである．当初，天然親魚へのホルモン剤注射による採卵が行われていたが，1968年に水槽内自然産卵が確認されて以来[30,36]，池中自然産卵による採卵が試みられ[9]，現在では定着しつつある[1,23]．

1·1 親魚養成法と飼料

親魚養成は通常内湾に設置した小割式網生簀で行われ，産卵期のみ陸上産卵槽に移して採卵する方法が多いが，築堤式蓄養池[42]，陸上コンクリート水槽[42]などでも行われている．養成餌料としては，冷凍物のイワシ[42]，サバ[42]，イカ

* 水産庁養殖研究所

ナゴ，サンマ，エビ類，市販配合飼料（ペレット）が主として用いられるが，量産機関によっては魚肉ミンチ4割，オキアミ3割，粉末配合飼料3割，ビタミン剤などを混合した自家製の餌料を与えたり，産卵期のみオキアミを給餌する場合もある．いずれにしても，オキアミの単用あるいは併用給餌が親魚に良質卵を安定して産ませるのに効果的であることが経験的に認められている．

最近，マダイの産卵に及ぼす親魚飼料の影響を調べる一連の研究が行われ，1)養成用飼料のタンパク源としては北洋ミールよりイカミールが優れている[47,52]，2)冷凍オキアミを給餌すると，産卵量，浮上卵率，ふ化率，正常な種苗の得られる割合が著しく向上し，産卵直前に与えた餌の質がマダイの卵質に大きく影響する[49,52,53]，3)養成用飼料の適正タンパク質含量は45%前後と推定される[48]，4)養成用飼料の栄養組成の相違は，短い給餌期間でも卵の化学成分によく反映され[50,52]，例えば ω3HUFA 含量の高い飼料区では卵中の ω3HUFA 含量が高く，EFA 欠乏飼料区では卵質が著しく劣り，添加したコーン油の影響を受けて 18：2ω6 の割合が著しく高い[48] などの事実が実験的に明らかにされた．

1·2 自然産卵による採卵法

採卵は親魚を陸上コンクリート水槽（産卵槽）に収容して，自然産卵により行う．親魚を産卵槽へ収容する時期は，小割生簀内での産卵行動が確認された後が多いが，その前に行う場合もある．産卵槽の形状は方形あるいは円型で，容量は 50～100m^3（深さ 1～2m）程度である．受精卵の収集（集卵）は，オーバーフロウやサイホンによって産卵槽外に設けた集卵ネット（ゴース布地製，目合 200～400μm）で行う．親魚の雌雄比は通常 1：1 で，満3年～12年魚が使われている[31,33,39,40,42]．産卵期間中の給餌は卵質に影響を及ぼすことが経験的に知られているので，オキアミ，市販配合飼料，ビタミン類添加飼料，ホタルイカなどが給餌される．実際の採卵結果を二，三の栽培漁業センター(1983)を例にとって述べると次の通りである．

兵庫県栽培センター[40]：満4年魚（体重 1～3kg）180尾（雌雄比 1：1）を用いた屋外 120m^3 産卵槽における採卵では，産卵開始は4月21日（水温 13.8°C）で，終了は6月29日（水温 21.0°C）であった．この間の総産卵数は約9000万粒で，1尾当たり約100万粒，1日平均110万粒産卵したことになる．また産卵盛期は5月上旬～下旬（水温 15～17°C）であった．

京都府栽培センター[33]：満4年魚（平均全長 40cm，平均体重 1.2kg）220

尾（雌雄比不明）を用いた屋外 50m^3 産卵槽 2 面における採卵は，産卵開始は 4月14日で，終了は 7 月 8 日であった．この間の総産卵数は約 25,800 万粒で，雌雄比を 1：1 と仮定すると，1 尾当たり約 235 万粒，1 日平均約 304 万粒産卵したことになる．

大分県栽培漁業センター[39]：満 4 年魚（体重 1～2kg）371 尾（雌雄比不明）を用いた 100m^3 産卵槽 2 面を用いた採卵では，産卵開始は 4 月 9 日で，終了は 6 月15日であった．この間の総産卵数は 626,201 万粒で，雌雄比を 1：1 と仮定すると，1 尾当たり 338 万粒で，1 日当たり 921 万粒産卵したことになる．

このように，産卵期は日本各地で若干異なり，産卵開始の時期は九州太平洋側では 3 月下旬から 4 月上旬，日本海側の福井では 4 月下旬，秋田では 5 月中旬以降になる．また太平洋側でも，徳島は 4 月初旬[40]，神奈川では 5 月下旬頃である[42]．瀬戸内海に面した諸県では 4 月中旬から下旬である．産み始めの水温は地域によって異なり，大分では 13.3～13.5°C，宮崎では 17.2°C，熊本では 16°C，兵庫では 11.2°C，新潟 11.1°C である．産卵終了の時期は 6 月下旬から 7 月上旬であり，産卵期が早い場合には終了期も早くなる傾向がある．その時の水温は 16.8～25.5°C で，地域別にみると北低南高の傾向がある．産卵期の地域差は，輸送手段が著しく発達した現在では受精卵を比較的短時間で輸送できるので，卵の入手の機会が格段に増したともいえる．

1·3　加温循環水槽による早期採卵

早期採苗のためには早期採卵が必要で，一部の民間種苗生産施設では加温による親魚養成で 1 ～ 2 か月の早期採卵を行っている．

1985年に水産庁養殖研究所で行った加温循環式産卵水槽（30m^3）による早期

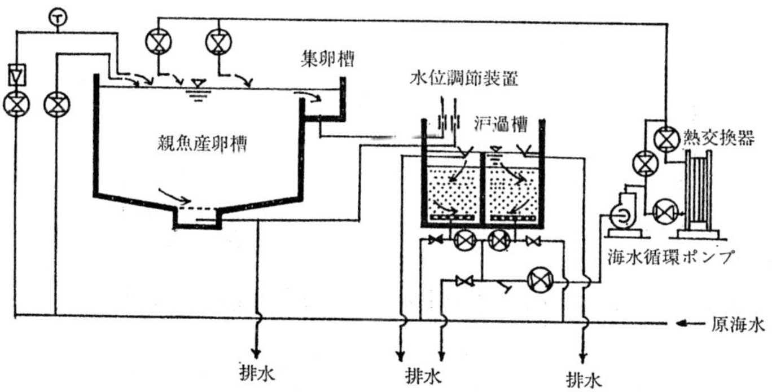

図 1·1　水産庁養殖研究所の加温循環産卵水槽

採卵実験の結果は次の通りであった．1984年５月21日に満２年魚45尾（雌雄比不明）を産卵水槽に収容し，原海水が 14°C 以下になり始めた1985年１月７日から加温を開始し，温度を 16°C に設定した．そして５月１日頃から原海水の温度が 17°C 以上になり，加温操作を停止した．産卵は３月28日から始まり，６月21日まで86日間続き，合計45.3百万粒産卵した．１日当たりの平均産卵数（浮卵）は545,400粒で，雌雄比を 1：1 と仮定すると，１尾当たりの総産卵数（浮卵）は約1,886,000粒となる．養成餌料には市販の配合飼料を用い，1985年３月７日から産卵終了時まで冷凍オキアミを500g/日与えた．このように，水温を常温より最高 4°C あげて養成することにより，通常の採卵より15～20日間ほど早く採卵ができた．なお加温による早期採卵では加温条件と産卵期の促進度がまだ十分把握されていないので，多くの実験の積み重ねが必要である．また光周期調節による産卵コントロールも今後の課題である．

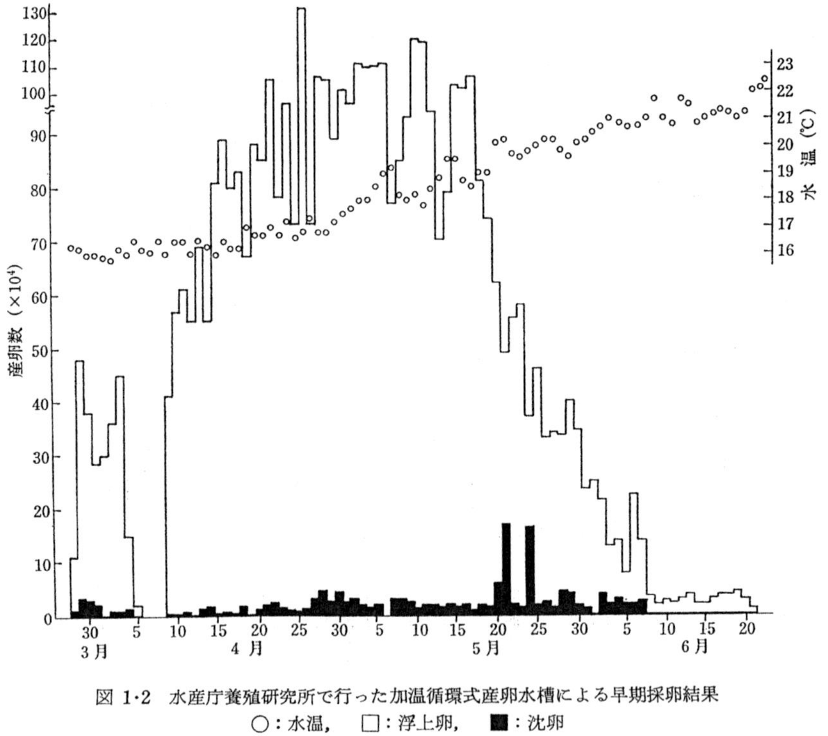

図 1·2　水産庁養殖研究所で行った加温循環式産卵水槽による早期採卵結果
○：水温，　□：浮上卵，　■：沈卵

1·4 卵管理

集めた卵は，30～50l 程度の水槽に収容し，沈下卵を取り除き，浮上卵のみをふ化ネットで卵管理する．しかし最近では沈下卵を取り除き浮上卵を秤量後に直接飼育槽に収容する場合が多く，受精卵 1 g 当たり1800粒として収容卵数は推定され，ふ化率は殆どの場合が90％以上である．産卵盛期の卵が選択的に使われるので，浮上卵率やふ化率，正常卵率は極めて高い[31,33,39～42]．

§2. 稚仔魚の飼育

稚仔魚の大量飼育は一次飼育と二次飼育に分けることができる．前者は仔魚（全長 3～12mm），そして後者は稚魚（全長 12～25mm）の飼育とそれぞれ換言できる．また一次飼育は動物プランクトン（主としてワムシ）による飼育，二次飼育は魚介肉ミンチによる飼育ともいえる．仔魚飼育には，当初小型水槽による高密度飼育が指向されたが[16]，現在では大型水槽（50～100m^3）による飼育[7,15,21,22]が一般化するにいたった．その原因としては，1) ワムシが安定して大量に供給できるようになった[34]，2) 小型槽に比べて水質が安定しやすい[4,13]，3) 省力化を目的とする機械の導入がしやすい[4,13]などが考えられ，量産機関では飼育施設のいわゆるシステム化が積極的に進められるようになった[4,13]．

2·1 仔魚飼育の現状

県立栽培漁業センターで行われている仔魚飼育の概要（1983）を表 1·1 に示した．容量が 27～200m^3 の飼育水槽が用いられ，その水深は 1～2.5m^3 である[31,33,39,40,42]．形状としては方形が多いが，円型も用いられている．ふ化仔魚の収容密度は 1.2～7.2 万尾/m^3 で，生残率は各機関によってかなり差がある．生産技術が高い機関では毎年生残率が安定し，全長 12～13mm における生残率が40～50％である．

仔魚飼育（一次飼育）には，3 つの方法，すなわち1)全長 12～13mm で沖出しを行う，2) 全長 7 mm 前後で分槽を行う（同一水槽で飼育水量を増す場合

表 1·1 代表的な種苗量産機関におけるマダイの種苗生産状況

機関名	大きさ (mm)	生産尾数（万尾） 1980	1981	1982	1983	1984	1985
鹿児島県栽培漁業センター	30	148	199	159	212	173	302
山口県外海栽培漁業センター	30	51	33	120	135	117	120
広島県栽培漁業センター	12	—	104	313	303	285	213

と，他槽へ移す場合がある)，3)沖出しや分槽を行わないで種苗サイズまで同一水槽で継続飼育を行う，があり，仔魚の収容密度，餌料系列，換水率などにも相違がある．1)では，仔魚の収容密度を2～3万尾/m^3とし，沖出し時の生残率の目標を50%程度としている．2)では1)より高密度で仔魚を収容し，分槽で間引くことをねらっている．3)では，仔魚の収容密度を1～2万尾/m^3と低くし，種苗サイズ（全長25～30mm）の生残率の目標を20～30%にしている．このように仔魚飼育の方法は多様であるが，餌料系列はほぼ同じであり，ワムシが主体で他に *Artemia* 幼生，天然コペポーダ類，微粒子飼料が給餌され，沖出し前（全長9～11mm）に魚介肉ミンチを与える場合が多い．またマダイ・クロダイのふ化仔魚を与えている機関もある．

2·2 微粒子飼料の開発と導入

生物餌料のワムシの代替え飼料が開発されるならば，仔魚の飼育は著しく省力化される．そのため，仔魚飼育用配合飼料の試作[38)]や稚魚量産への応用が行われ[6)]，ワムシの約1/4量が代替えできることが確められた．最近では，仔魚飼育用配合飼料作製技術が高度に発達し[16,20)]，いわゆる微粒子飼料（micro-particulate diets）が開発されている．微粒子飼料は製法や性状によって，1)マイクロカプセル飼料（MED），2)マイクロバインディング飼料（MBD），3)マイクロコーチング飼料（MCD）の3つのタイプに分類される[19)]．これらの微粒子飼料をマダイ種苗量産に用いた場合，従来の飼育に比べてワムシの使用量が半減したとの報告もあり[35)]，近い将来，生物餌料の大部分が微粒子飼料で代替えされる可能性がある．一方，微粒子飼料を給餌すると飼育水が汚濁されやすく，換水率の増加など従来の方法に比べて飼育環境保全に注意を要する．今後は，微粒子飼料の質の向上のみならず，その成分が水中に溶出しないなど物性の検討や，微粒子飼料の給餌に適した飼育槽の構造についても考慮すべきであろう．

2·3 仔魚飼育の省力化と機械化

仔魚飼育の省力化をはかるため，量産施設では機械化が進められている．底掃除機，ワムシ洗浄・給餌機，配合飼料給餌機などがその例である[4,13)]．一方，飼育槽・ワムシ培養槽・クロレラ培養槽をパイプで機能的に連結し，バルブ操作やポンプ作動によってクロレラやワムシを搬送する，いわゆる飼育施設そのもののシステム化も行われている．種苗量産における機械化・システム化を積極的に進めている代表的な機関を例にあげてその実施例を述べる．

鹿児島県栽培漁業センター[4]：施設の設計基準として，次の7項目が提唱されている[4]．1)全長30mmの種苗を，一貫して陸上水槽で生産する，2)生産目標は200万尾，3)餌にはワムシ，*Artemia*，配合飼料，魚介肉ミンチを順次使う，4)ワムシの培養にはクロレラを使う，5)システム化による飼育管理作業の自動化と省力化をはかる，6)水質等環境条件を自動的に計測・記録し，飼育管理に活用する，7)生産尾数の拡大に備えて，量産マニュアルを作成する．種苗量産システムは，飼育槽（円型 $100m^3$，直径 7.2m×深さ 2.6m)×10，ワムシ培養槽（方形 $100m^3$，6.5×6.5×2.5m)×6，クロレラ培養槽（方形 $300m^3$，22×14×1m)×10 で構成され，その他多数の付属水槽が併設されている．ワムシ槽へのクロレラ，飼育槽へのワムシの給餌方法はそれぞれ図1·3と図1·4に示す通りである[4]．飼育槽にはワイパー式の底掃除器や，ワムシ洗浄・給餌器が付属する（図1·3)．

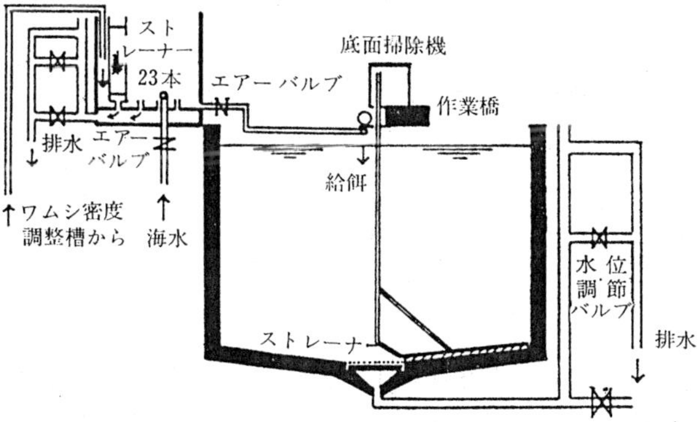

図 1·3 鹿児島県栽培漁業センターの稚仔魚飼育槽とワムシ洗浄・給餌システム[4]

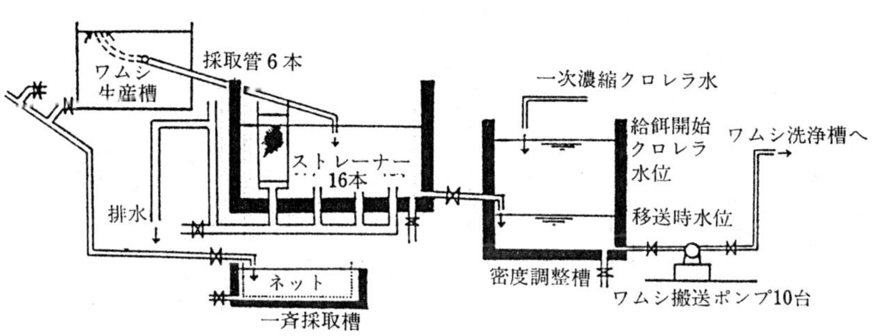

図 1·4 鹿児島県栽培漁業センターのワムシ採取および搬送システム[4]

広島県栽培漁業センター[13]：施設の設計基準として，11項目が掲げられている[13]．1)マダイとクロダイの沖出し種苗（全長12mm）の生産，2)飼育槽は中型槽（50m^3）を採用し，集約的な高密度生産を行う，3)親魚槽と飼育槽には加

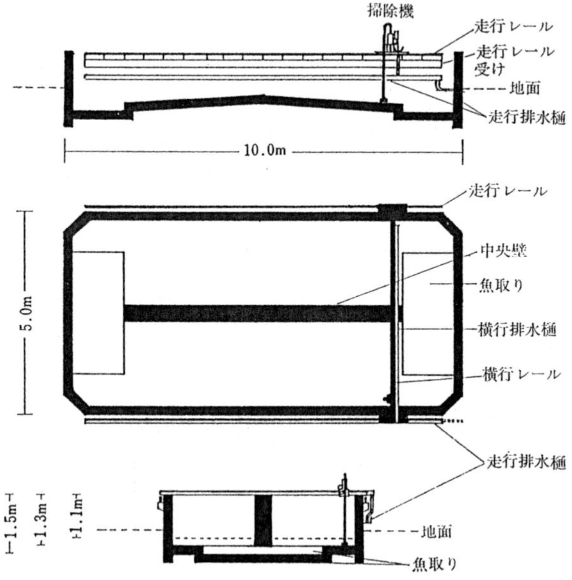

図 1·5　広島県栽培漁業センターの稚仔魚飼育槽の構造[13]

温海水を給水する，4)飼育海水の揚水は水中ポンプを使う（稚仔魚の気泡症対策），5)飼育槽には人工照明を採用する，6)ワムシの培養は短期植え継ぎ法とし，餌にはクロレラと油脂酵母を併用する，7)稚仔魚の餌には，ワムシ，***Artemia*** 幼生，配合飼料を順次使用する，8)高密度飼育に伴う堆積物は自動掃除機で除去する，9)省力化のため給餌作業は極力機械化する，10)飼育施設全体の監視を徹底し，異常発生の早期発見と被害の拡大防止を図る，11)親魚槽，飼育槽，クロレラ培養槽，ワムシ培養槽は円滑な作業手順に応じた配置とする．種苗量産施設は，飼育槽（角切り長方形50m^3，10×5×1.5m）×16，ワムシ培養槽（方形150m^3）×8，クロレラ培養槽（方形200m^3）×12で構成される．飼育槽には，縦に中央壁があるのが特徴で（図1·5），水槽壁上面には自動底掃除機用の横行レールが敷かれている．このレールに沿って底掃除機は移動するとともに，左右に移動しながら底掃除を行う（図1·5）．本機による掃除面積は

約 28m^2 で，水槽底面積の約70%にあたり，1日2回同槽の掃除が可能である．そのため，水質悪化が少ない．この他，ワムシの自動採取・給餌装置や配合飼料の自動給餌機が活用され，省力化に効果があげられている．

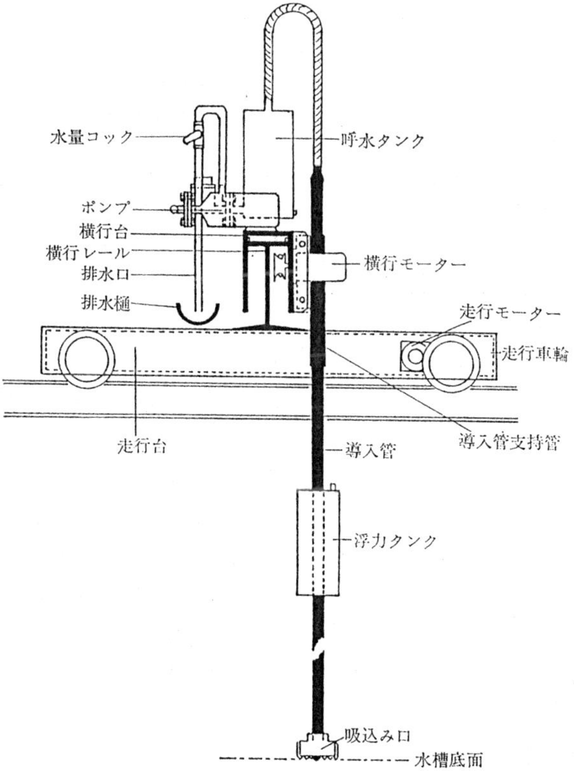

図 1·6 広島県栽培漁業センターの飼育槽自動掃除機の構造[13]

2·4 稚魚飼育の現状

稚魚飼育（二次飼育）は，前述のように陸上水槽で仔魚飼育に継続して行われる場合があるが，多くの生産機関では沖出しして，小割生簀で行っている[31,33,39,40,42]．小割生簀は目合 0.5～7.0mm の無結節網地製で，容量は様々であるが 45m^3(4×4×3m) 程度が標準である．稚魚の収容密度は 1m^3 当たり1,000～2,000 尾前後である．餌は魚介肉ミンチが用いられるが，餌付け時にはアサリやオキアミをイカナゴなどの魚類と等分に混ぜる方が餌付けに効果的で，多くの量産機関で実施されている．完全に餌付いた後はイカナゴなどの魚類のみで飼育され，ビタミン剤などを添加することもある．稚魚飼育における生残率は殆どの量産機関で50%以上で，94～96%の機関もある．仔魚用に加えて稚魚用の優れた配合飼料の開発と導入によって，クロレラやワムシ培養槽を稚魚飼育へと効率的な転用も今後考えられる．

2·5 脊柱前彎症の発現防止法の確立

人工種苗には脊柱前彎症が高率で発現し，大きな問題となった[3,5,23,24,27,29]．そのため，稚仔魚の飼育環境[17,24,29]，初期餌料の栄養価[3,45]，遺伝[3,44]などの側面から原因究明のための多くの研究が展開された．その結果，前彎症は脊柱がV字型に屈曲するいわゆる脊柱屈曲症（Lordosis）で，仔魚期における鰾の発達不全と密接な関連が認められ，鰾が有管鰾から無管鰾へ発達しないでいわゆる閉腔鰾になると，比重が増大して浮力の不足をきたし，斜め泳ぎ状態となり，脊柱屈曲が発現することが明らかにされた[17,29,43]．鰾の発達は，仔魚（ふ化後５～６日）が水面近くの気泡を呑み込むことで促進されることもわかった[29,43]．つまり気泡が食道を通って気道に入り鰾内腔の膨張を促すことが有管鰾から無管鰾への発達の契機となる[29,43]．このように前彎症の発現機構が明らかにされ，その飼育環境の適正管理による予防法が確立されたので，現在では前彎症の種苗は殆どみられなくなった．脊柱前彎症を防ぐ具体的な方法としては，1)適度な通気（50～100ml/分）を行う，2)空気が水中によく溶けこむように水面をきれいにする，3)適度な水量をシャワー式に水面に散布する，4)仔魚の収容密度をあまり高くしない（１～２万尾/m^3），5)栄養価の高い初期餌料を与える，6)鰾がよく発達した仔魚群を選んで飼育を始めるなどがある．

§3. 餌料生物の培養

微粒子飼料の開発によって稚仔魚飼育における餌料生物への依存度が軽減されることが期待されているが，依然として餌料生物，特に栄養価の高いワムシの安定した供給が種苗量産の可否を左右する．例えば1975年における長崎水試増養殖研究所におけるマダイ種苗生産では，全長12mmの種苗200万尾の沖出しにワムシを988億個体（約300kg）要したのに対し[7]，1981年の広島県栽培漁業センターの量産事業では，ワムシを12000億個体（約2.5t）生産することによってマダイ・クロダイ種苗632万尾とガザミ40万尾（１齢）を得ている[11]．このように，ワムシの供給能力と種苗生産尾数には相関がみられる．このことは，稚仔魚の日間摂餌量から推定したワムシの給餌マニュアルの妥当性を示している[10,12,23]．

3·1 ワムシ

ワムシの大量培養については1982年の日本水産学会秋季大会(広島県福山市)においてシンポジウムが催され，生活史，形態と分類，増殖生理，仔稚魚の摂餌量，栄養価，大量培養における環境と問題点などについて論議された[34]．ワムシの培養は当初，小型水槽による高密度培養が指向されたが，仔魚飼育法の推移と同じく，現在では 50～150m³ の大型水槽による間引き法や植え継ぎ法が定着しつつある．そして前述のようにシステム化が進められている．培養餌料としては，1) *Chlorella* spp.，2) パン酵母[28,46,51]，3) 油脂酵母[18,25]，4) テトラセルミス *Tetraselmis tetrathele*[8,37]，5) 1)＋2)[26]，6) 1)＋3) が用いられている．油脂酵母やパン酵母ワムシの栄養価改善法が開発されたにもかかわらず，クロレラへの依存度は低下せずクロレラ単独で使用している機関もある．ワムシ培養においても機械化が進められており，その代表的な機関におけるワムシ培養法について述べる．

鹿児島県栽培漁業センター[4]：培養槽は前述の 100m³ 槽 6 面で，総容量は 600m³ である．施設の設計段階では増殖密度を 100個体/ml 以上に維持しながら，その30%を間引き採取し，日産最高 180 億個体を採取することが計画された[4]．培養水槽への通気は 8l/分のエアーストーン 9 個を垂下して行う．培養水の沪過は径 200mm の塩化ビニール管 8 本を用いてエアーリフトと水槽内に設けた沪過槽で行い，懸濁物の除去の他に生物沪過による水質浄化能力もそなえる．クロレラの給餌は，ポンプで直接注送したり，連続遠心分離機で濃縮して給餌する場合もある．遠心分離機の能力は 20t/時間 で，1/5量に濃縮できる設計であるが，実際にはそれぞれ 10t/時間，1/3 濃縮である[4]．

広島県栽培漁業センター[13]：ワムシ培養槽は 150m³ 槽 8 面で，総容量は1200 m³ である．ワムシへのクロレラ給餌は，ワムシ 1 個体につきクロレラ 10^4 細胞の基準で行う．本施設の特徴は，培養ワムシが飼育槽に持ち込む細菌による疾病を予防するため，自動給餌する前に前処理，すなわち1) ワムシの採取→2) 沪過海水で洗浄（体表付着細菌の減数）→3) 培養クロレラ海水中での蓄養（消化管内細菌の減数)→4) 沪過海水での洗浄→5) 培養海水中での蓄養（ワムシの飢餓防止）の順に処理することである[13]．

3·2 クロレラ

クロレラについては，収獲方法や濃縮方法に進歩がみられる[4,13]．しかし，培養そのものは，1977年に九州・山口ブロック水産試験場マダイ種苗生産研究会がとりまとめた「マダイ種苗生産技術の現状と問題点」におけるクロレラ培養[14]法の水準から出ていないように思われる．その原因としては，いわゆる海産クロレラの生物学的特性や分類に関する知見が少なく，研究も展開されていないためと考えられる．クロレラとして10年間以上培養が続けられた微小藻類が *Nannochloris coccoides* と同定された事例もあり[45]，また最近の研究でワムシ培養餌料に広く使用されてきたクロレラは真のクロレラではないとの報告もある[32]．クロレラに関する生物学的情報の収集が急務と考えられる．

3·3　テトラセルミス

テトラセルミスは，クロレラの代替え微小藻類としてシンガポールから導入された[37]．テトラセルミスの特徴は4本の鞭毛をそなえ，活発に遊泳し，その大きさはクロレラの20～30倍（体積）もあることである．ワムシのL型およびS型に対するテトラセルミスの餌料価値はクロレラより優れている[37]．テトラセルミスで培養したワムシの ω3 HUFA 量はクロレラで培養した場合の約1/2量で，マダイ稚仔魚の要求量を満すものではない[8]．しかしクロレラとの併用やクロレラで二次培養してマダイ仔稚魚を飼育すると成長・生残率ともクロレラワムシ給餌区に優る[8]．これはテトラセルミスはクロレラよりタンパク質含量がやや多いためと考えられる．

テトラセルミスの特長はクロレラに比べて広温性であり，特にクロレラの密度が急に下りやすい夏季でも順調に増殖する[37]．テトラセルミスの培養は，短期間（5～7日）の植え継ぎ法が適しており，クロレラと同様の施肥で良く増殖する[37]．

§4.　中間育成

育成開始時の種苗の大きさは，量産機関によって異なり，二次飼育（全長10 mm台から）も含む場合や，養殖用種苗サイズ（全長25mm）以後からとする場合がある．育成方法には，1)小割式網生簀，2)網仕切，3)築堤式があり，1)の方法が最も広く採用されている[31,33,39,40,42]．小割式網生簀の容量は様々であるが，標準としては 5×5×4m 位で，7～10日に1度の割合で網替えを行い，順次目合の大きな網に換えるので人手と労力を要する．一方，網仕切による育成では逃亡が，築堤では鳥による食害がそれぞれ多い．育成用種苗の輸送方法および中間育成の現状について，瀬戸内海西部海域に面している諸県を例にあげて述べる．育成用餌料には，イカナゴ・アジ・小型底曳網漁獲物などの魚類，アミエビ，オキアミ，配合飼料（マッシュ）を混ぜたミンチが用いられ，全長30〜35mm以後は配合飼料（クランブル）が単独で使われる場合がある．中間育成期間中の生残率は一般に高く，全長12mm前後から全長50mmまでの育成でも50％以上で，全長25mmからの育成では80％以上である．

4·1 育成用種苗の輸送

海上輸送：1983年における山口県内海水産試験場による輸送は次の通りであった[39)]．4m^3 の活魚槽に平均全長25.3mmの種苗を31万尾（収容密度2万尾/m^3）収容し，通気しながら輸送した．この間の水温は17.8〜19.0°C，溶存酸素量は15ppmであった．3.5時間後に目的地に到着し，輸送中のへい死はなかった．到着30分前から10ppmエルバージュ溶液で薬浴し，到着後直ちに小割式網生簀に種苗を収容した．同じ方法で，平均全長21.4mmの種苗12.5万尾を輸送した場合も輸送中のへい死はなかった．

4·2 中間育成方法の具体例

山口県内海水産試験場[39)]：1983年における育成は，水深15mの内湾に設けた小割式網生簀（6×6×5m）8面に，平均全長25.3mmの種苗31万尾（収容密度430尾/t）を収容し，48日間，112日間，131日間の中間育成を行い，計12.6万尾を取り揚げた（平均生残率40.7％）．この間の餌は，小型底曳網や建網で漁獲した雑魚をチョッパーにかけたもの1kgに対しマダイ稚魚用配合飼料（マッシュ）100〜200gの割合で加え，よく混合して与えた．育成開始後25日目からはアユ用クランブル，50日後からはマダイ用ペレットを併用して与えた．給餌は午前と午後それぞれ2回とした．この間の給餌量は雑魚3,741kg，配合飼料1,413kgであった．日間成長量は0.6mmであった．なお，平均全長10cmに成長した時の収容密度は40〜50尾/m^{3}であった．小割式網生簀の目合は当初140径のモジ網で，成長にあわせて105径，25節，16節と順次交換し，最終的には12節の網を用いた．網替えは1〜2週間に一度行った．

宮崎県水産試験場[39)]：1983年における育成は，小割式網生簀（5×5×3m）に平均全長20.5〜30.0mmの種苗を収容して育成した（収容密度；全長50mmで240尾/m^3，全長80mmで160尾/m^3）．餌にはオキアミ，鮮魚，配合飼料（マッシュ）を混合して与え，当初の日間給餌率は70〜100％で，全長35mm以降は配合飼料（クランブル）を単用し，魚体重の10〜15％給餌した．26〜49日間の育成後，平均全長67.8mmの放流用種苗を約247万尾取り揚げた．この間の生残率は82.4％で，稚魚の成長は沖出し後の飼育日数（D日）と稚魚の全長（L mm）から次の式で求めることができた[36]．

$$\mathrm{Log}\,L=1.2928+0.0091D \quad (r:0.986)$$

但し，$D>15$日，$25\mathrm{mm}<L<70\mathrm{mm}$
この式から日間成長率は2.12％と求められた．

§5. 問題点と展望

1974年の秋，京都で催されたシンポジウム「稚魚の摂餌と発育」において，高性能の配合飼料の開発と飼育装置の改善が合理的な種苗量産を可能にする鍵であり，生物技術者と他分野，例えば栄養化学，飼料製造学，電子工学などの研究者との共同研究の重要性が指摘された[41]．また1977年に取りまとめられた前述の「マダイ種苗生産技術の現状と問題点」でも，協同研究体制の確立の必要性が強調された[2,31]．これらの指摘は，その後10年間の研究に活かされ，今日の量産技術の確立を展望し的を射た提言であったと考えられる．そして，今後これらの指摘と提言は，種苗量産の合理化と種苗の品質向上のための研究にも再び活かされるべきであろう．

5·1 量産技術合理化のための課題

マダイの種苗量産技術をさらに合理化し省力化するための課題として，次の9項目が考えられる．

1) 栄養価および物性の優れた微粒子飼料の開発
2) 微粒子飼料による仔魚飼育に適した水槽の構造の検討と改善
3) クロレラなど微小藻類の生物学的特性の収集と安定大量培養法の確立
4) ワムシの安定大量培養法の確立
5) 稚魚飼育（二次飼育・中間育成）用配合飼料の確立
6) 稚仔魚の疾病予防と治療法の確立
7) 飼育管理の機械化と省力化（システム化）
8) 飼育技術のマニュアルの作成
9) 在来マダイの育種と外国産マダイの生物学的特性の把握

文　献

1) S. FUJITA: Culture of red sea bream, *Pagrus major*, and its food. In "Cultivation of fish fry and its live food (E. STYCZYNSKA-JUREWICZ *et al.* ed), European Mariculture Society, Belgium, 1979, pp.183～197.

2) 藤田矢郎：問題点と今後の展望．マダイ種苗生産技術の現状と問題点（九州・山口ブロック水産試験場マダイ種苗生産研究会），155～160，日本水産資源保護協会，東京（1977）．

3) 藤田矢郎・北島　力：マダイ稚仔魚期における変形魚の出現．海洋科学，**10**(9)，721～727（1978）．

4) 藤田征作・高野瀬和治・新谷寛治・瀬戸口勇：魚類種苗量産過程の自動化，省力化にむけての考え方の一例と，その施設設計への応用．栽培技研，**11**(2)，1～8(1982)．

5) 福原　修：マダイ稚仔魚にみられた骨異常について．水産増殖，**25**(2)，41～45（1977)．

6) 福所邦彦・原　修・山本博敬・岩本　浩・北島　力：配合飼料を併用した大型水槽によるマダイの種苗量産．水産増殖，**25**(1)，18～26（1977）．

7) 福所邦彦・原　修・吉尾二郎：大型水槽によるマダイの種苗生産．長崎水試研報，**2**，92～100（1976）．

8) 福所邦彦・岡内正典・Siti NURAINI・辻ケ堂　諦・渡辺　武：テトラセルミスで培養したシオミズツボワムシのマダイ仔稚魚に対する餌料価値．日水誌，**50**(8)，1439～1444（1984）．

9) 伏見　徹：養成マダイからの採卵に関する研究－Ⅲ．海面網生簀から陸上産卵池へ移動させた親魚の産卵について．栽培技研，**1**(1)，15～20（1972）．

10) 伏見　徹：餌料．稚魚の摂餌と発育（日本水産学会編），67～83，恒星社厚生閣，東京（1975）．

11) 伏見　徹：昭和57年度指定試験，初期餌料の培養技術向上に関する研究，中間報告会特別講演資料．5pp．（1982）．

12) 伏見　徹：稚仔魚の摂餌量．シオミズツボワムシ－生物学と大量培養（日本水産学会編），69～93，恒星社厚生閣，東京(1983)．

13) 伏見　徹：マダイ，クロダイ種苗生産の現況と量産のための機械化．水産における技術開発の現状と展望（井上裕雄監修），68～79，技術情報センター，大阪（1984）．

14) 平田　満：クロレラの生産．マダイ種苗生産技術の現状と問題点（九州・山口ブロック水産試験場マダイ種苗生産研究会編），121～126，日本水産資源保護協会，東京（1977）．

15) 平田　満・藤田忠勝・浜田盛治：マダイ種苗量産に関する研究－40m^3水槽における飼育例．栽培技研，**5**(1)，41～50（1976）．

16) 平田　満・藤田忠勝・浜田盛治・永田房雄：マダイ種苗の量産に関する研究－500l水槽の効果的収容尾数と取揚げ尾数．栽培技研，**4**(2)，61～68（1975）．

17) 伊勢田弘志：マダイ人工種苗の奇形防除対策研究－Ⅲ．初期飼育環境と鰾内ガス保有の関係．熊本水試研報，**2**，25～45(1982)．

18) 今田　克・影山百合明・渡辺　武・北島　力・藤田矢郎・米　康夫：魚介類種苗生産用酵母（油脂酵母）の開発・日水誌，**45**(8)，955～959（1979）．

19) 金沢昭夫：シンポジウム魚類の栄養と飼料Ⅱ．仔稚魚用飼料　微粒子飼料．昭和59年度日本水産学会秋季大会講演要旨集，102（1984）．

20) 金沢昭夫・益本俊郎・平川諒三郎・西中弘興：微粒子飼料の研究－Ⅱ．マダイの量産規模種苗生産．昭和60年度日本水産学会春季大会講演要旨集，61（1985）．

21) 慶徳尚壽・小金隆之：150m^3水槽によるマダイの種苗生産について（Ⅰ）飼育法の検討．水産増殖，**28**(4)，202～210（1981）．

22) 慶徳尚壽・小金隆之・大槻勧三：150m^3水槽によるマダイの種苗生産について（Ⅲ）分槽と飼育の合理化に関する試行．水産増殖，**28**(4)，211～217（1981）．

23) 北島　力：マダイの採卵と稚魚の量産に関する研究．長崎水試論文集第５集，92pp.（1978）．

24) C. KITAJIMA: The present status of marine fish seed producing techniques in Japan. In "International symposium of advances and perspecitives in Aquaculture in Chile" (H. R. FUENTES *et al.* ed), Universidad del Norte, Coquimbo (Chile), 1983, pp. 375～390.

25) 北島　力・荒川敏久・大和史人・藤田矢郎

・今田　克・渡辺　武・米　康夫：マダイ仔魚に対する油脂酵母ワムシの餌料効果．日水誌，**46**(1)，43～46（1980）．

26）北島　力・藤田矢郎・大和史人・米　康夫・渡辺　武：クロレラで二次培養したパン酵母ワムシの餌料効果．日水誌，**45**(4)，469～471（1979）．

27）北島　力・岩本　浩・藤田矢郎：人工採苗マダイにおける鰾の未発達と脊柱屈曲の関係．長崎水試研報，**3**，23～32（1977）．

28）北島　力・耕田隆彦：酵母培養ワムシがマダイ仔魚に与える影響とクロレラの効果．長崎水試研報，**2**，113～116（1976）．

29）北島　力・塚島康生・藤田矢郎・渡辺　武・米　康夫：マダイ仔魚の空気呑み込みと鰾の開腔および脊柱前彎との関連．日水誌，**47**(10)，1289～1294（1981）．

30）古賀文洋・田中義興・中園明信：水槽内におけるマダイ・クロダイの産卵について．九大水産実験所報告，**1**，83～89（1971）．

31）九州西海・日本海西部マダイ班：昭和58年度回遊性魚類共同放流実験調査事業報告書（島根栽セ・山口外海水試・長崎水試・熊本水試・鹿児島水試），91pp．（1984）．

32）丸山　功・中村寿雄・松林恒夫・安藤洋太郎・前田直彦：いわゆる海産クロレラの分類学的研究．昭和60年度日本水産学会秋季大会講演要旨集，p. 25（1985）．

33）日本海中部海域マダイ班：昭和58年度回遊性魚類共同放流実験調査事業報告書．（秋田栽セ・新潟栽セ・石川増試・福井栽セ・京都海洋センター・京都栽セ），278 pp.（1984）．

34）日本水産学会編：シオミズツボワムシ―生物学と大量培養．恒星社厚生閣，東京，161 pp．（1983）．

35）西中弘興・安部敏男・西村辰也・菅　善人・金沢昭夫：微粒子飼料の研究―Ⅰ．マダイ及びヒラメの小規模種苗生産．昭和60年度日本水産学会春季大会講演要旨集，60（1985）．

36）野口利夫：水槽内マダイの自然産卵．養殖，**5**(3)，81～85（1968）．

37）岡内正典：微小藻類テトラセルミス *Tetraselmis tetrathele* の増殖特性と餌料価値．水産育種，**10**，1～7（1985）．

38）佐藤正明・伏見　徹・高山晴義：マダイ稚仔期の栄養に関する研究―Ⅰ．合成餌料とシオミズツボワムシを与えて飼育した場合の成長・生残率の比較．広島水試報，**3**，9～19（1972）．

39）瀬戸内海西部海域マダイ班：昭和58年度回遊性魚類共同放流実験調査事業総合報告書．（広島水試・山口内海水試・愛媛水試・高知水試・大分水試・宮崎水試），310pp.（1984）．

40）瀬戸内海東部マダイ班：昭和58年度回遊性魚類共同放流実験調査事業報告書．（徳島栽セ・徳島水試・兵庫栽セ・兵庫水試・和歌山水増試・和歌山水試），152pp．（1984）．

41）茂野邦彦：海産稚魚の大量飼育．稚魚の摂餌と発育（日本水産学会編），114～117，恒星社厚生閣，東京（1975）．

42）太平洋中区海域マダイ班：昭和58年度回遊性魚類共同放流実験調査事業報告書．（神奈川水試・静岡水試伊豆分場・千葉水試），31pp．（1984）．

43）隆島史夫・荒井泰晴・野村　稔：人工採苗マダイの鰾形成異常について．東京水産大研報，**67**(1)，67～73（1980）．

44）谷口順彦・東　健作・楳田　晋：マダイ人工種苗の脊椎異常発生率にみられた親間差．日水誌，**50**(5)，787～792（1984）．

45）渡辺　武：脂質からみた仔稚魚用生物餌料の栄養価．養魚と飼料脂質（日本水産学会編），93～111，恒星社厚生閣，東京(1978)．

46）渡辺　武・荒川敏久・北島　力・福所邦彦・藤田矢郎：脂肪酸組成からみたシオミズツボワムシの栄養価．日水誌，**44**(10)，1109～1114（1978）．

47）T. WATANABE, T. ARAKAWA, C. KITAJIMA, and S. FUJITA：Effect of nutritional quality of brood stock diets on reproduction of red sea bream. *Bull. Japan. Soc. Sci. Fish.*, **50**(3)，495～501（1984）．

48）T. WATANABE, A. ITOH, C. KITAJIMA, and S. FUJITA：Effect of dietary protein levels on reproduction of red sea bream *Bull. Japan. Soc. Sci. Fish.*,

50(6), 1015～1022 (1984).

49) T. WATANABE, A. ITOH, A. MURAKAMI, Y. TSUKASHIMA, C. KITAJIMA, and S. FUJITA: Effect of nutritional quality of diets given to brood stock on the verge of spawning on reproduction of red sea bream. *Bull. Japan. Soc. Sci. Fish.*, **50**(6), 1023～1028 (1984).

50) T. WATANABE, A. ITOH, S. SATOH, C. KITAJIMA, and S. FUJITA: Effect of dietary protein levels and feeding period before spawning on chemical components of eggs produced by red sea bream brood stock. *Bull. Japan. Soc. Sci. Fish.*, **51**(9), 1501～1509 (1985).

51) T. WATANABE, C. KITAJIMA, and S. FUJITA: Nutritional values of live organisms used in Japan for mass propagation of fish; A review. *Aquaculture*, **34**, 115～143 (1984).

52) T. WATANABE, T. KOIZUMI, H. SUZUKI, S. SATOH, T. TAKEUCHI, N. YOSHIDA, T. KITADA, and Y. TSUKASHIMA: Improvement of quality of red sea bream eggs by feeding brood stock on a diet containing cuttlefish meal or on raw krill shortly before spawning. *Bull. Japan. Soc. Sci. Fish.*, **51**(9), 1511～1521 (1985).

53) T. WATANABE, S. OHHASHI, A. ITOH, C. KITAJIMA, and S. FUJITA: Effect of nutritional composition of diets on chemical components of red sea bream brood stock and eggs produced. *Bull. Japan. Soc. Sci. Fish.*, **50**(3), 503～515 (1985).

2. 種苗の健全性

福 原 修*

卵から生れた仔魚を人工的に飼育した場合，天然でみられるような食害，飢餓，水温や塩分をはじめとする生息環境の急激な変化がないため，天然と比較して非常に高い率で生き残る．そして人工飼育条件は天然とは環境条件が著しく異なるため，人工飼育魚は天然魚とは質的に異なることが十分予想される．人工生産した種苗をいきなり自然水域に放流して，漁獲対象になるまで成長させようとする場合，天然魚とは質的に異なった人工種苗がはたして生き残れるか否か不安として残り，種苗の放流事業を推進する上で大きな問題の一つとなっている．

これまで進められてきた栽培漁業が，技術的開発の段階から一歩進んで全国的に事業レベルで推進されようとする昨今，種苗生産技術および放流技術問題を種苗の量的側面からだけでなく，質的側面からも検討する必要がある．資源培養の目的を達成するためには，放流に適した種苗の育成が不可欠の前提と考えられる．現状では種苗の質に関する研究は多くはないが，それらの知見を参考にしながら，放流種苗の必要条件となる健全性やその評価方法についていくつかの問題点を指摘したい．

§1. 人工種苗の質的差異の有無とその原因

自然条件下と飼育条件下で育った魚に質的な違いが存在するか否か，有するとすればその程度と放流した際の影響を知ることが，その質的差異の意味を評価する上で，また対策を講ずる上でまず必要である．現状では，人工種苗の健全性の中味やそれを評価する基準が明確でない．そこでどの形質が健全性を構成する要因であるのかを知る判断基準を天然魚に求めるという考えが成り立つ．すなわち人工種苗と天然魚の諸形質の比較を行うことにより健苗性が浮き彫りにされるのではないかと考えられる．

実際の種苗生産の飼育過程において同じような条件下で，個体間の質的差異がどのように生じるのであろうか．現在のところ十分には明らかではないが，

* 南西海区水産研究所

多くの海産稚仔魚のふ化時点からの無給餌実験[1~3]において飢餓耐性にかなりの個体差があることが認められている．この事実よりふ化仔魚あるいはふ化以前の段階ですでに質的差異が存在することが容易に推測される．マダイの場合

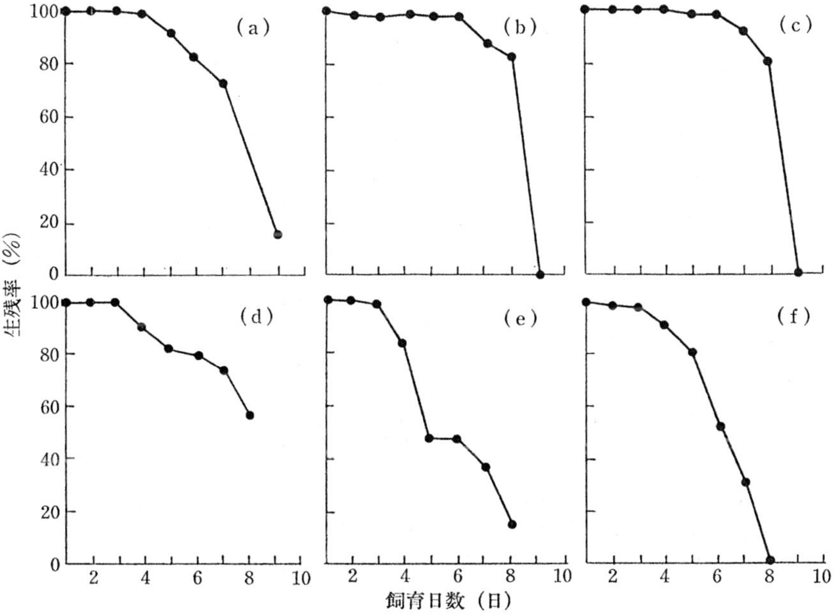

図 2·1 マダイふ化仔魚の無給餌飼育における生残率の変化．a～e：慶徳ら[4]，f：福原[5]

も仔魚の栄養が内部依存（卵黄）から外部依存（摂餌）に切り換る時，無給餌の場合一度に死亡するのではなく通常少しずつへい死が起こる．卵黄を有する前期仔魚の段階ですでにへい死する個体が存在し（図2·1），卵黄吸収後の半日程度の無給餌で仔魚の質的選別が可能なことが指摘されている[5]．

慶徳ら[4]もマダイ大量種苗生産の過程で，餌料を必要としない前期仔魚期にすでにへい死する個体が出現し，またそのへい死の様相が大きく異なることを経験している（図2·1）．卵黄や油球を吸収後急激にへい死している場合（図2·1-b，c）は，質的な斉一性が高く，漸次へい死している例（図2·1-a，d，e，f）では質的に変異が大きいことが想像される．さらに，前期仔魚期の無給餌飼育における生残率と種苗生産における最終歩留りとの間に高い相関（+0.99）があることも認められている．こうした飢餓耐性の違いは仔魚期だけでなく稚魚期において観察される[6]．ニシン *Clupea pallasi* の飼育例[7]をみても仔魚の

大量へい死は，豊富な餌があり水質の悪化がない場合でも起こることから，実際の死亡が生じる以前からすでに決定付けられているのではないかと指摘されている．

これらの事象はいずれも仔魚の段階ですでに質的差異の存在を示唆しているといえる．仔魚期の段階ですでに質的差異あるいは大きさに変異があればその後の行動，成長，歩留り，発育などにも影響することは十分想像される．

給餌および無給餌の条件下でマダイ仔魚の行動を観察すると，いずれの条件下でも単位時間当たりの遊泳時間に個体間でかなりの変異がみられる[8]．こうした行動能力の差は，索餌範囲や餌との遭遇率の差として現われる．さらに大きさの変異に起因する機能面での有利さは，行動だけでなく成長にも端的に表現される．飼育条件下ではふ化後25〜30日経過すると，最小個体と最大個体の差は2倍以上に及ぶ[9,10]．また，稚魚に達する日齢は25〜29日，その時の大きさは7.6〜8.6mm（体長）でかなりの変異がみられる[10]．一方，天然魚の成長は餌環境をはじめとして多くの点で飼育条件下より不利と思われるにもかかわらず，ふ化後10日から30日の平均日成長は5.7%を示し，かなりの低水温にもかかわらず飼育魚と同等かむしろそれより良好な成長が認められている．同時に天然仔魚では体長の個体変異が少ないことも観察されている[11]．

魚類の耳石に日周輪が形成され，その輪数より天然産稚仔魚の成長解析や初期生態の解明が進められている．耳石に形成される輪紋は，個体ごとの成長の履歴であるとともに生理生態的な状態の反映とも考えられている．とくに飢餓状態やその他の厳しい環境条件を経験した場合にはその時期輪紋が不鮮明になったり形成されないことが知られている[12]．一般に，多くの魚種で飼育仔魚の耳石輪紋は天然仔魚の輪紋に比べてかなり不鮮明な場合が多く（田中*），マダイ仔魚でもその事実が明らかにされている[13]．この事実は飼育環境下では稚仔魚は豊富な餌や外敵からの解放という好条件に恵まれながら，超過密や狭い空間などの劣悪な条件下で必ずしも順調に成育しているのではないことを物語っている．こうした不鮮明な耳石輪紋は彼らの不自然な状態での成長の反映とみるのは考え過ぎであろうか．

マダイに関して今までに観察された天然魚と人工種苗の種々の相違点について表2·1に示した[14~20]．これらの形質の差がマダイの生活にどのような影響を与えているのか詳細は今後の研究に待たなければならない．表から明らかなよ

---

* 未発表

うに，放流種苗の育成の追跡に最も必要と思われる行動に関する知見がきわめて少ない．天然魚ではないが，廃止塩田を利用して半自然条件下で育成されたマダイ稚魚は，人工種苗に比較して空中露出，低酸素条件や麻酔などに対する

表 2·1 マダイの天然魚(W)と人工種苗(D)における形質の差異

主な相違点	著者
肥満度：DはWより少し高い 水分含有率：Dは72～82%に対し，Wは変化が少ない（78～79%） 炭素含有率：Dは42～49%，Wは35～43% 水素含有率：Dは5.9～6.7%，Wは5.2～6.2% 窒素含有率：Dは9.5～11.6%，Wは10.5～12.1%	安楽・畔田(1973)[14]
DはWに比べ威嚇に対する反応が鈍い DはWに比べ腹腔部に脂肪が多い	立石(1974)[15]
鱗，鰭の形成に大差はない 斑紋はDよりWが形成サイズが大きい	福原・国行(1978)[16]
Dは体高が低く，眼径，上顎長が小さい	北島(1978)[17]
成長：仔稚魚は水温条件のみで比較するとDはWより劣る	田中(1982)[11]
DはWより脂質含量が高い	鴻巣・渡辺(1976)[18] 大島ら(1983)[19]
DはWに比べ体高，眼高長，眼径および上顎長が短い	松宮ら(1984)[20]

抵抗性が高いという知見（丸山ら*）は天然魚の生残能力が優れている可能性を示唆している．

人工飼育管理下においても，同じ親から採卵し，同一条件で飼育してもへい死する個体と生き残る個体が出現する．この生死がどの時点で決定されるのか明らかではなく，またへい死の要因もよく判っていないが，今までに行われた研究から推測すると，大きく分けて遺伝的（先天的）要因と飼育条件に関わる要因（後天的）が挙げられる．親魚に関わる問題として，谷口ら[21]はマダイの体形異常発生率に及ぼす親魚の影響の有無を調べ，ふ化以前の卵質や親魚の素質が潜在的要因として大きく関与していることを指摘した．また産卵直前に与えた餌の質もマダイの卵質に大きく影響することが知られている[22]．さらに親魚の性比[23]，年齢構成の違い[24]により卵およびふ化仔魚の形質が大きく異なる．清野[25]によればキス *Sillago sihama* においても卵黄吸収以前の仔魚の死亡率は卵質と関係があるという．

* 未発表

マダイを含め一般に魚類の卵径やふ化仔魚の大きさにはある程度の変異が存在することを考えれば[26]，この時点ですでに質的に差異を生じる要因を潜在的に有しているといえる．このことが行動の個体差を導き，結果的に成長をはじめとしたすべての面の変異を大きくすると思われる．種苗生産のように保護された条件下では，こうした変異がさらに助長されることになるであろう．天然環境下では成長の停滞した仔魚は速やかに減耗し，比較的成長の良好な個体が生き残った結果，成長状態がかなりそろうことになる[11]．

飼育条件下では，高い生残率を得ることが目的であるため一般に天然域と比べ非常に高い餌料密度が維持される．飼育条件下では，稚仔魚は餌料密度以外に食害，飢餓，競合および物理・化学的環境条件の変動など生存を脅す大方の条件から解放されることになる．BLAXTER[27] の言を待つまでもなく，こうした飼育条件下では質的に劣る魚（本来死すべき個体）まで生き残ることは想像に難くない．このことが人工種苗の質的劣性に結びついているし，長期間飼育することにより一層劣性形質の固定化が進むと考えられる．

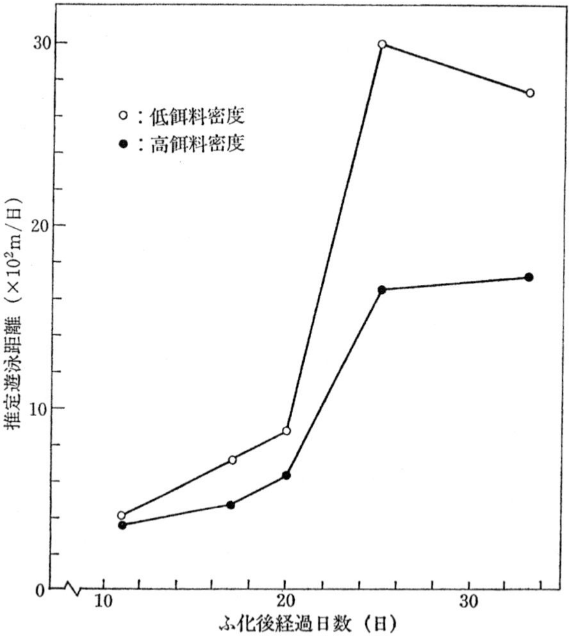

図 2·2　マダイ稚仔魚の低餌料密度および高餌料密度下における推定遊泳距離

以上のことから，人工種苗は天然魚とは本質的に異なると考えるのが妥当であろう．そして人工種苗の評価，利用およびその扱い方も天然魚とはおのずと変わらざるを得ない．

飼育条件下でも天然と同様な低い餌料密度であれば稚仔魚の遊泳距離は，餌料密度が高い場合の2倍近い値を示す（図2·2）．ふ化後25日を経過し，稚魚期に達するとこの傾向は若干軽減するが，形態的にも生態的にも新しい発達段階になる時期であるとともに生活史の中で環境に対して最も適応的な時期にあたるため，その後の行動，特に遊泳能力には大きな影響をもたらすと判断される．

このように人工種苗の劣性の発現する理由は，天然魚と比較して親魚が限られていることや飼育条件が著しく過保護であるためといって過言ではあるまい．最近かなり改良されたとはいえ，限られた餌料のみを与えざるを得ないことや，生産過程で何ら選別や資質向上のための操作を施していないこともその理由に挙げられる．

§2. 健全性の基準とその判定法

今までに述べてきたことから考えて，放流種苗の質的評価や有効利用を更に進めるとしたらどのようなことが考えられているであろうか．人工的に育った魚を，今までとは異なる環境へ増産を目的として放流しようとした場合，そこで生き残れるかどうかということが，放流効果に直接影響するだけに最も大きな問題となる．ここに種苗の質的評価，すなわち健全性の検討が必要となる．そしてまず第1に目的に適した種苗とはどういう条件かを明らかにし，その条件に合った種苗を生産する技術を開発する必要がある．マダイに限らず放流種苗の健全性については明らかでないが，その条件としては，1)食害から逃れる，2)索餌する，3)ある程度の飢餓や環境変動に耐えるなどの能力は当然要求され，これに関する形態学的，生理学的機能も具わっていなければならない．これらの条件をそれぞれ評価判定することは困難を極めるが，具体的には人為的に設定した不適環境条件に対する耐性を調べることにより，ある程度人工種苗の生存能力の一側面を判定することは可能であろう．飼育開始時のふ化仔魚であれば無給餌飼育による卵黄吸収前後のへい死状態から仔魚の質的変異や生産歩留りが推定される[4,5]．種苗サイズについては，大上・鈴木[28]が日齢10～44日目までの稚仔魚を用いて麻酔剤，脱塩水，食塩および干出による耐性試験を試み，干出抵抗性や脱塩水耐性が活力判定に使える可能性を示している．慶徳ら[4]もほぼ同様な結果を得ており，これらの方法は実用化の可能性が高い．アユ[29]についてはすでに実験用水路による遡上率やとびはね率の判定により放流種苗の質的評価が可能な段階にまで達している．この他，水温耐性，抗流性なども検討し，種苗の活力を総合的に表現できる方法の確立が急務である．

§3. 健全種苗の生産と今後の問題

マダイの人工種苗の質に対する疑問と検討の必要性は，本種の放流事業が開始されて間もない頃から指摘されてきた．それにもかかわらず，今日まで量産技術の開発に主要な努力が払われ，質の問題はほとんど注目されなかった[30~32]．栽培漁業の根幹である天然域に種苗を放流して資源を培養するためには，まず種苗の量的確保が先決と考えられたためと思われる．しかし種苗生産技術の進歩によって放流量が増加したにもかかわらず放流効果が広域的に見た場合必ずしも現われていないことから，種苗の質の問題にも目を向けざるを得ない時期にきていると考えられる．

実際の種苗生産の中で量産という目的を持ちながら種苗の質の問題を解決するには，劣性の除去とその克服の考えを生産工程に入れる必要があろう．すでに述べたようにふ化仔魚の段階で質的差異が認められるので，無給餌飼育で著しくへい死が多ければ飼育対象外とすることも必要であろうし，開口しても卵黄を吸収し終えるまでは給餌しないことにより，質的に劣った仔魚は除去できる．

従来は高歩留りを得るため稚仔魚の飼育水中に極めて高い餌料密度が維持されてきたが，伏見[33]によれば5個体/ml以下の餌料密度(シオミズツボワムシ)で十分であり，それ以上の密度は残餌になるだけであるという．行動の面からみても1～4個体/mlの間が最も索餌遊泳が活発であり，5個体/ml以上では遊泳速度の増加は認められない[8]．こうした知見を大量生産の中で実施することにより健全種苗の生産を試みる必要がある．

健全性の基準を限りなく天然魚に近い形質に求めるとすれば，生産過程で栄養的側面だけでなく行動面でも種苗の遊泳能力などを強化する方法を探索する必要がある．サケ・マス類で行われているような抗流性[34~36]を中心とした環境馴化やそのための飼育設備の改良も望まれる．人工種苗に一般に見られる形態異常についも養殖種苗へ利用する場合だけでなく放流する際も比重差による選別[37]などを積極的に活用し劣性の除去に努めなければならない．

放流種苗の大きさについてはマダイ放流に関する調査[38]をみると，22実施県のうち最小サイズは約23mm，最大は120mmで特に一定の傾向はない．すなわち放流サイズについては，未だに試行錯誤の段階とも理解される．生産する側にはできるだけ小さいうちに出したいという要望があり，放流する側からはできるだけ丈夫なものをという要望がある．これが放流種苗が扱われている現場の実態と思われる．放流種苗が大きいほど劣性を克服できるとすれば，種苗放流を成功させるには，放流サイズを大きくすればよいとの考えが成り立つ[39]．逆に種苗サイズは，小型が望ましいとする考えは生物の適応能力を重視する点にある．前述したように飼育魚は餌が十分あり，必要以上に保護された状態にある．しかしこのことが放流種苗にとっては結果的に極めて不都合となる．その理由として，放流までの飼育期間が長びけば長びくほど自然環境に順応する能力の高い時期を完全に保護した状態で経過することになる[40]．人工飼料を長期間与えたことにより，本来の食性が発現せず，天然餌生物への馴化にも支障をきたす結果となる．これらのことは，もう少し若い発育段階に数多く放流を試みるべきであるという考えを導く[28]．放流種苗の適正サイズの決定のためにも人工種苗の大きさを含めた質の判断基準が必要となる．

マダイの幼期の外部形態や諸器官の発達から，稚魚への形態的移行期が初期生活史の中で環境に対して最も適応的であるとされている[32,41]．また諸器官の機能的側面から放流サイズについては一つの試みとして体長30mm前後が提示されている[32]．天然海域におけるマダイ稚魚の主要な餌生物は，かいあし類・ヨコエビ類・アミ類などである[42]．とくに30mm以下の稚魚期の初期ではかいあし類への依存度が高い．マダイ稚魚がよく捕食するかいあし類は *Acartia* で，これらの種は沿岸浅海域では稚魚の摂餌時間帯である昼間に海底直上に濃密なパッチを形成することが多い[43]．沿岸浅海域では，*Acartia* だけでなく多くの種類のかいあし類がパッチを形成することが明らかにされつつある[44]．これらのかいあし類パッチの形成される時期や場所に種苗を放流すれば，効率的に餌

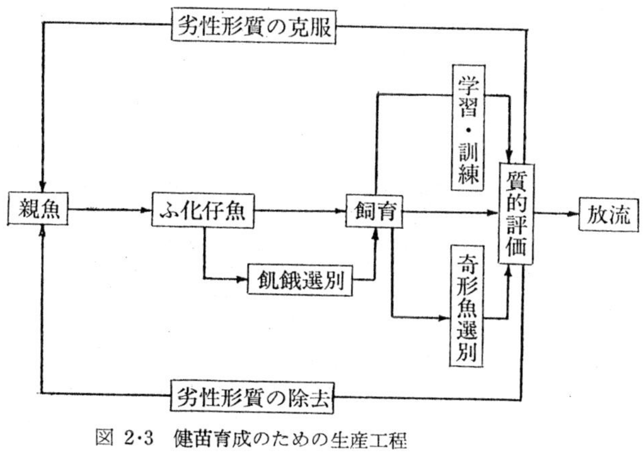

図 2·3 健苗育成のための生産工程

生物の捕食が可能であり，よりスムースにヨコエビ類からベントスへの食性の転換も可能と推定される[45]．こうした成育場の天然環境が明らかにされることにより，より小型サイズでの放流の根拠や可能性が広がるものと期待される．

種苗生産技術と放流は栽培漁業の中にあっては，本来連続した作業工程であるべきものが別々に発達し，展開されているところに今日のマダイ栽培漁業の大きな問題があるように思われる．今後は種苗の生産量だけでなく質の問題にも努力を傾注することが望まれる．

人工種苗の質的評価は，放流種苗の健全性を測定するだけでなく，その評価基準が適当であるか否かを親魚の養成に始まる生産工程の中で再び検討して行く必要がある（図2･3）．そして更には，放流効果と併せて検討を繰り返すことにより，人工種苗の健全性の評価が放流事業の中で重要な作業となると思われる．

文　献

1) J.H.S. Blaxter and G. Hempel: The influence of egg size on herring larvae (*Clupea harengus* L.) *J. Cons.*, **28**, 211～240 (1963).

2) R. Lasker, H.M. Feder, G.H. Theilacker and R.C. May: Feeding, growth, and survival of *Engraulis mordax* larvae reared in the laboratory. *Mar. Biol.*, **5**, 345～353 (1970).

3) A. Jones:' Studies on egg development and larval rearing of turbot, *Scophthalmus maximus* L., and brill, *Scophthalmus rhombus* L., in the laboratory. *J. Mar. Biol. Ass. U.K.*, **52**, 965～986 (1972).

4) 慶徳尚壽・安江　浩・田中　実・花岡絹代・中杉祥子・裏崎憲子：タイ類種苗生産１．ふ化仔魚の活力，広島栽漁協種苗生産業報，**4**，６～７（1985）．

5) 福原　修：初期の飢餓がマダイ仔魚の生残り，成長および発育に及ぼす影響について．南西水研報，**7**，19～29（1974）．

6) 工藤盛徳：海産魚の稚魚期餌料系列の最適化に関する研究．海産水産資源の大規模増殖システム開発に関する研究．東海大学，35～51（1980）．

7) 倉田　博：ニシン稚魚の飼育について．北水研報，**20**，117～138（1959）．

8) 福原　修・岸田　達：マダイ稚仔魚における二，三の行動．南西水研報，**12**，９～20（1980）．

9) H. Yamagishi: Postembryonal growth and its variability of the three marine fishes with special reference to the mechanism of growth variation in fishes. *Res. Popul. Ecol*, **11**, 14～33 (1969).

10) 福原　修：海産魚類の初期生活史―１，マダイ仔稚魚期の器官形成と生態の関係．海洋と生物，**6**，184～190（1984）．

11) 田中　克：天然マダイ仔魚の日成長．西水研ニュース，**40**，６～９（1982）．

12) R.L. Radtke and J.M. Dean: Increment formation in the otoliths of embryos, larvae, and juveniles of the mummichog, *Fundulus heteroclitus*. *Fish. Bull., U.S.*, **80**, 201～215 (1982).

13) S. Tsuji and T. Aoyama: Daily growth increments observed in otoliths of the larvae of Japanese red sea bream *Pagrus major* (Temminck et Schlegel). *Bull. Japan. Soc. Sci.*

Fish., 48, 1559～1562 (1982).

14) 安楽正照・畔田正格：天然および養成マダイ幼稚魚の体成分の差異．西水研報，**43**, 117～131 (1973).

15) 立石　賢：九州西海域におけるマダイの生態と標識放流について．ミチューリン生物学研究，**10**, 129～139 (1974).

16) 福原　修・国行一正：マダイ天然稚仔魚と飼育魚における二，三の外部形態の差異．南西水研報，**11**, 19～25 (1978).

17) 北島　力：マダイの採卵と稚魚の量産に関する研究．長崎水試論文集，**5**, 1～92 (1978).

18) 鴻巣章二・渡辺勝子：養成および天然マダイのエキス成分の比較．日水誌，**42**, 1263～1266 (1976).

19) 大島敏明・和田　俊・小泉千秋：養殖および天然マダイの脂質成分の比較．日水誌，**49**, 1405～1409 (1983).

20) 松宮義晴・金丸彦一郎・岡　正雄・立石　賢：マダイ人工放流魚と天然当歳魚の外部形態の比較．日水誌，**50**, 1173～1178 (1984).

21) 谷口順彦・東　健作・楪田　晋：マダイ人工種苗の脊椎異常発生率にみられた親間差．日水誌，**50**, 787～792 (1984).

22) 渡辺　武・伊藤　暁・村上あかね・塚島康生・北島　力・藤田矢郎：産卵直前より与えた飼料の質がマダイ産卵卵質に及ぼす影響．日水誌，**50**, 1023～1028 (1984).

23) 伏見　徹：養成マダイからの採卵に関する研究─Ⅲ．栽培技研，**1**, 15～20 (1972).

24) 酒井　清・野村　稔・隆島史夫：マダイ自然産出卵の形状．日水誌，**51**, 1395～1399 (1985).

25) 清野通康：海産魚．魚類の成熟と産卵（日本水産学会編），恒星社厚生閣，東京，113～119 (1974).

26) 山岸　宏：魚類の生長の個体変異について．生物科学，**16**, 98～104 (1964).

27) J.H.S. BLAXTER: Reared and wild fish-how do they compare? 10th European Symposium on Marine Biology, 11～26 (1975).

28) 大上皓久・鈴木　隆：マダイ仔魚の活力判定法の検討，静岡栽漁セ事報，50～56 (1983).

29) 村上恭祥：河川湖沼増殖調査研究．広島県淡水指事実績，22～24 (1983).

30) M. FUJIYA: Fish farming and the constraints in Japan. *NOAA Tech. Rep. NMFS* CIRC-388, 27～32 (1973).

31) 東　幹夫：アユ放流と「栽培漁業」の生物学的諸問題．ミチューリン生物学研究，**10**, 116～122 (1974).

32) 福原　修：海産魚における種苗生産の現状と2，3の問題点．南西水研増殖部資料，1～19 (1975).

33) 伏見　徹：稚仔魚の摂餌量．シオミズツボワムシ（日本水産学会編），恒星社厚生閣，東京，69～93 (1983).

34) R.A. BAMS: Differences in performance of naturally and artificially propagated sockeye salmon migrant fry, as measured with swimming and predation tests. *J. Fish. Res. Bd. Canada*, **24**, 1117～1153 (1967).

35) D.M. GREEN, Jr: A comparison of stamina of brook trout from wild and domestic parents. *Trans. Am. Fish. Soc.* **93**, 96～100 (1964).

36) R. E. VINCENT: Some influences of domestication upon three stocks of brook trout (*Salvelinus fontinalis* MITCHILL). *Trans. Am. Fish. Soc.*, **89**, 35～52 (1960).

37) 永池健次郎・佐々木康夫：マダイ人工種苗の生産と飼育に関する研究─Ⅰ．水産増殖，**28**, 196～201 (1981).

38) 水産庁振興部開発課：基本方針作成基礎資料，**2**, 1～248 (1983).

39) 水口憲哉：沿岸漁業の維持発展と栽培漁業．水産海洋研究会報，**43**, 72～74 (1983).

40) 田中邦三：人工生産マダイの問題点．日水研連絡ニュース，**324**, 5～8 (1983).

41) O. FUKUHARA: Functional morphology and behavior of early life stages of red sea bream. *Bull. Japan. Soc. Sci. Fish.*, **51**, 731～743 (1985).

42) 木曽克裕：平戸島志々伎湾におけるマダイ

当歳魚個体群の摂餌生態—I．成長に伴う餌料の変化とその年変動．西水研報，**54**, 291〜306（1980）.

43) M. TANAKA: Factors affecting the inshore migration of pelagic larval and demersal juvenile red sea bream *Pagrus major* to a nursery ground. *Trans. Amer. Fish. Soc.*, **114**, 471〜477(1985).

44) H. UEDA, A. KUWAHARA, M. TANAKA and M. AZETA: Underwater observations on copepod swarms in temperate and subtropical waters. *Mar. Ecol. Prog. Ser.*, **11**, 165〜171 (1983).

45) 田中　克：稚仔魚の生態．マダイの資源培養技術（田中　克・松宮義晴編），恒星社厚生閣，東京，59〜74（1986）.

3. 種苗生産における遺伝学的諸問題

谷 口 順 彦*

野生動物をいったん人為的条件下で繁殖させた後，それらを再び自然環境へ戻そうとした時，野生的性質を失い，生活力が減退し，正常に生きることが困難になるという事例は少なくない．魚類種苗を生産し放流して自然の生産力を引き出すという資源培養型漁業（栽培漁業）においてはまさしく生活力の減退を招く家魚化現象の防止を抜きにしてはその成功を望むことはできない．もっとも放流の際に家魚化と称される問題点の多くは種苗生産過程で獲得した後天的性質と考えられるので，飼育方法や放流前の馴致方法の改善によってそれらの大部分は解決すると思われる．しかし人工種苗における種々の変化も部分的に遺伝的要素が含まれていることは量的形質の遺伝法則の教えるところでもある．事実，最近になって，継代飼育中の親魚集団や人工種苗において変異減退および近交系数の上昇を認める報告がつぎつぎと発表されるようになった[1~9]．これらの遺伝的変化はいずれもアイソザイムなどの分子多型を支配する質的形質[1~3,5~6]において観察されたものであるが，同様の変化は実態把握のより困難，かつ魚類の生活とより関係の深い量的形質においても起こっていることは想像するに難くない[4]．このような遺伝的変化とともに近交係数の上昇に伴う，集団および個体の両レベルにおける適応度** の低下も懸念されており[10,11]，最近では単に消滅しつつある魚種を“保存”するだけでなく，現在一定の繁栄を誇っている魚種を健全な状態に“保全”することが重要課題になりつつある[10,11]．

本章ではマダイなどの魚類の人工種苗集団で起こった幾つかの遺伝的変化の事例を述べ，天然集団および人工種苗集団の遺伝学的保全法について考察を加える．

§1. 種苗生産における育種目標の2極化

一般に，育種の目標は対象種の遺伝変異を利用して遺伝質の改善をはかり，

---

* 高知大学農学部

** 適応値と同義で，ある遺伝子型が1個体当たりどれだけの子を残すかを示す相対値．適応値には生残率，成長率，交配能力，生殖能力（妊性，稔性）などいろいろの要素が含まれる[12]．

新しい品種を作出することにある．しかし人為的条件下で一定の保護を与えて魚を育てる養殖と自然環境条件下へ種苗を放流してそこで生産をあげる資源培養型漁業の立場とでは種苗生産の目標が著しく異なるのは当然のことである．

1·1 養殖用種苗生産における目標

養殖の生産現場からの要望によく合致した品種を作出することは育種の基本的立場であって，導入，選択，雑種強勢，交雑，染色体倍化など種々の育種技術を駆使して遺伝質の改善がはかられる．新しく確立される養殖品種は色調，体形，成長度などにおいて野生魚とは異なる特徴を具えるようになるであろう．しかし同時に新品種作出の過程で避けることが困難な近親交配によって生存力が劣化したり，野生的習性を失うという変化が起こるであろう．このような変化はそれらが養殖条件下におかれているかぎりほとんど問題とならないが，これらが自然環境へ放流されるとなるとその条件下で集団としての生産力や生存力の減退を見るのは確実であろう[13)]．さらに人工種苗集団で発生する適応度の低下は再生産の過程を通じて天然集団にも影響をもたらすであろう．このような天然集団に対する遺伝的汚染と生態系の撹乱を防止するため，養殖用として開発された品種は生産目標を達成した時点で完全に収獲し，自然環境への散逸を防止するよう配慮する必要がある．

1·2 放流用種苗生産における目標

野生集団はそれぞれの種の進化過程で長時間にわたる自然選択の圧力にさらされてきた結果，個体および集団レベルで獲得しうる最高の適応力を具えていると思われる．近年，資源量水準が低下しているマダイなどの海産魚種苗が大量に放流されているが，それらの放流用人工種苗には生殖活動に人為的操作が加えられた結果とみられる種々の遺伝的変化が発生している．これらの遺伝的変化は主として人工種苗に対し現実に遺伝子を供給した親魚の数が少ない時に起きる遺伝子の機械的浮動，創始者効果，近親交配，無意識的選択などの要因によって起こされる．このような要因によってもたらされる遺伝的変化のうち，変異の減退は種々の潜在的可能性を秘める形質（遺伝資源）の消失を意味し[14)]，近交係数の上昇は集団の適応度の低下をもたらすことになる[10,11,14)]．このような放流用種苗集団における種々の遺伝的変化，とくに適応度の低下を防止し，それを通じて野生集団を人為的操作の影響から保全することは育種目標の重要な一課題と考えられる．

§2. 人工種苗における遺伝的変化のモニター法の確立

電気泳動法により検出されるアイソザイムなどの分子多型は集団の構造や動態を解明する上で極めて有効な指標となる．アイソザイムの検出法，その解析法などは最近の20年間に格段の進歩を見た[15]．アイソザイム多型を利用する方法は多型の出現度数から集団中に保有される遺伝子の頻度を直接的に推定できる点で優れている．自然集団や人工種苗集団に対し何らかの手を加えたり，調査を行うときには集団の動態把握の指標となる分子多型を事前調査の段階で調べておきたい．

筆者ら[16]はマダイの種族分化の研究の一環としてポリアクリルアミドゲル電気泳動法（図3･1）およびデンプンゲル電気泳動法（図3･2）により，アイソザイム多型を探索した．最近の調査でマーカーとして検出している酵素，遺伝子座などを表3･1にまとめた．それぞれのアイソザイム多型は図3･2のようなパターンで発現した．アイソザイム像から各遺伝子座の対立遺伝子が推定された*．これらのアイソザイム多型に対して推定された遺伝モデルはその後の交配実験によって検証された（表3･2）．また各アイソザイムにおける多型の度数分布も概ね HARDY-WEINBERG の平衡式に基づく理論値とよく合致しており，遺伝モデルに矛盾するところはなかった（表3･3）．このようにして検出・同定されたアイソザイム遺伝子を記録し，算出された集団のパラメーターによって地方集団間の遺伝的分化，人工種苗における遺伝子頻度や変異量の変化，近親交配の有無などが解明されるのである．

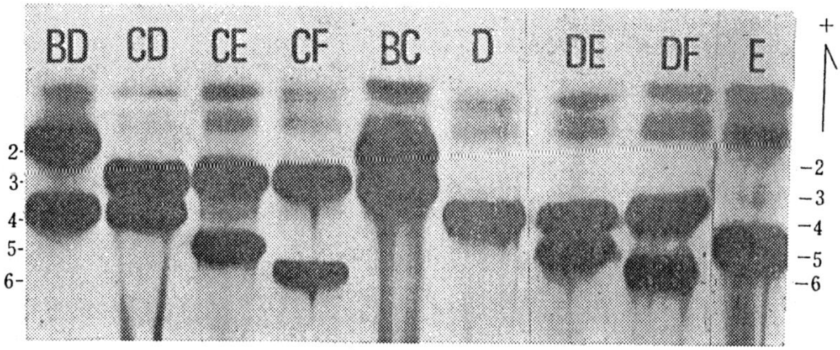

図 3･1 ポリアクリルアミドゲル電気泳動法により検出されたマダイ肝臓エステラーゼの多型（谷口・田島[1]）

* アイソザイム像の解析法については沼知[15]に詳述されている．

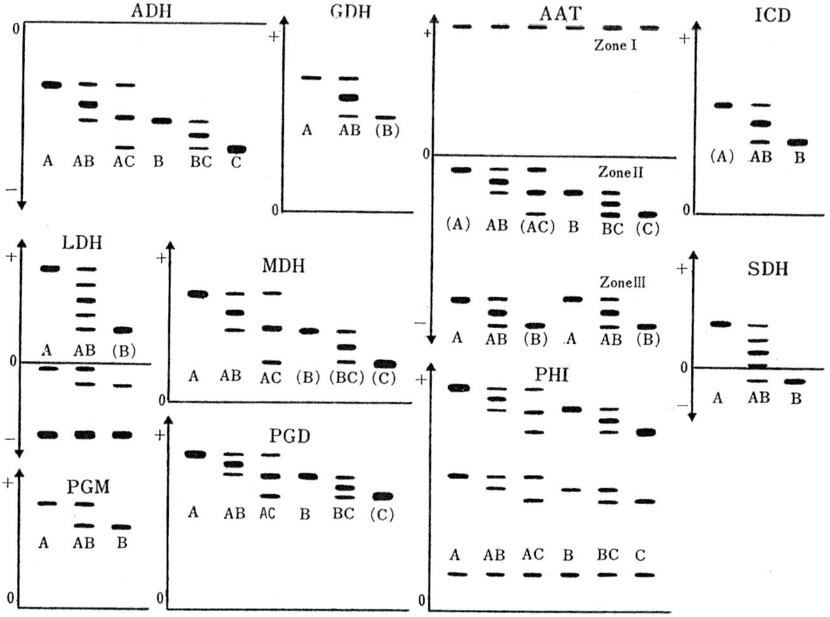

図 3·2 デンプンゲル電気泳動法により検出されたマダイのアイソザイム多型の模式図（谷口・岡田[16]）

表 3·1 マダイで検出された酵素，アイソザイム，組織特異性，遺伝子座および多型性

酵 素	アイソザイム	組 織	電気泳動の緩衝液の種類	遺伝子座	多型性*
ADH	ADH	Liver	C-AEA	*Adh*	P**
6-PGD	6-PGD	Liver	C-AEA	*6-Pgd*	P**
MDH	MDH-1	Muscle	C-AEA	*Mdh-1*	P
	MDH-2	Liver	C-AEA	*Mdh-2*	M
	MDH-3	Muscle	C-AEA	*Mdh-3*	M
IDH	IDH-1	Liver	C-AEA	*Idh-1*	P
	IDH-2	Muscle	C-AEA	*Idh-2*	M
SDH	SDH	Liver	C-AEA	*Sdh*	P
AAT	AAT-2	Liver	C-AEA	*Aat-2*	P
	AAT-3	Liver, Muscle	C-AEA	*Aat-3*	P
SOD	SOD	Liver	C-AEA	*Sod*	M
LDH	LDH-a	Muscle	C-AEA	*Ldh-a*	M
	LDH-b	Muscle	C-AEA	*Ldh-b*	P
ME	ME-1	Muscle	C-AEA	*Me-1*	P**
GPI	GPI-1	Muscle	C-AEA	*Gpi-1*	P
	GPI-2	Muscle	C-AEA	*Gpi-2*	P
EST	EST	Liver	TBE	*Est*	P**

* Pは多型，Mは単型，**は主遺伝子の頻度が 0.95 以下の遺伝子座.

表 3・2 マダイのアイソザイム多型の遺伝様式についての交配実験[89)]

酵素*	親の遺伝子型		子の遺伝子型の観察値および期待値（カッコ内）	
	雄	雌		
ADH	CC	BC	BC 21 (24.5),	CC 28 (24.5)
EST	EE	EF	EE 32 (24.5),	EF 17 (24.5)
IDH	BB	BB	BB 48 (48)	
AAT-II	BC	BB	BB 27 (24.5),	BC 22 (24.5)
6-PGD	BC	AB	AB 9 (12),	AC 12 (12)
			BB 13 (12),	BC 14 (12)

* ADH: alcohol dehydrogenase, EST: esterase, IDH: isocitrate dehydrogenase, AAT-II: glutamic-oxaloacetic transaminase, 6-PGD: 6-phosphogluconate dehydrogenase.

表 3・3 マダイ天然集団のアイソザイム多型における観察値と期待値（カッコ内）および両値の差の x^2 検定

遺伝子座	遺伝子型			個体数	遺伝子頻度		x^2
	AA	AB	BB		*A*	*B*	
Aat-1	31(31.0)	1(1.0)	0(0.0)	32	0.984	0.016	0.00
Aat-3	43(43.0)	3(3.0)	0(0.0)	44	0.989	0.011	0.00
Idh-1	0(0.0)	3(3.0)	104(104.0)	107	0.014	0.986	0.00
Ldh-B	116(116.1)	1(0.9)	0(0.0)	117	0.996	0.004	0.01
Pgm-I	37(36.4)	13(14.2)	2(1.4)	52	0.163	0.837	0.37
Sdh	2(0.0)	12(14.2)	58(56.9)	72	0.111	0.889	1.71

表 3・3 つづき

遺伝子座	遺伝子型						個体数	遺伝子頻度			x^2
	AA	AB	AC	BB	BC	CC		*A*	*B*	*C*	
Adh	8(6.5)	25(26.6)	14(15.5)	27(27.3)	34(31.1)	9(9.3)	117	0.235	0.483	0.282	0.40
Mdh-I	93(93.0)	3(2.8)	1(0.9)	0(0.0)	0(0.0)	0(0.0)	97	0.979	0.015	0.005	0.02
Pgd	7(4.2)	27(32.8)	1(0.8)	67(64.0)	3(3.1)	0(0.0)	105	0.200	0.781	0.019	3.09
Gpi-1	0(0.0)	2(1.9)	0(0.1)	89(88.3)	5(6.7)	1(0.1)	97	0.010	0.954	0.036	8.64*
Aat-2	0(0.0)	1(0.9)	0(0.0)	108(108.1)	4(4.0)	0(0.0)	113	0.004	0.978	0.018	0.01

* 危険率 5％で有意

§3. マダイの地方集団間の遺伝的分化

一般に種内の集団構造はその種の生活様式，繁殖の様式，回遊の規模などによって異なるものである．相互に交配する可能性のある個体からなる集団，い

表 3·4 マダイ天然集団における肝臓エステラーゼ対立遺伝子頻度
（1975～1976年の調査[1]）

対立遺伝子	採集地						平均
	長崎	福岡	鳥取	香川	兵庫	和歌山	
D	0.138	0.119	0.130	0.120	0.121	0.116	0.123
E	0.531	0.643	0.568	0.584	0.580	0.578	0.575
F	0.281	0.190	0.185	0.236	0.208	0.231	0.227
*X**	0.050	0.048	0.116	0.060	0.091	0.075	0.076
供試魚数	80	21	73	142	132	147	595

* エステラーゼ遺伝子座には8対立遺伝子があり，*X*は*D*, *E*, *F*以外の低頻度遺伝子をプールしてある．

い換えれば遺伝子給源を共有する個体からなる集団はメンデル集団と呼ばれる．分子多型を標識として推定される遺伝子頻度はメンデル集団の異同を判定する重要な基準となる*．表3·4は1975年から1976年にかけて日本の各地で採集したサンプルを用いて推定したエステラーゼ遺伝子座の対立遺伝子頻度の一覧である．エステラーゼ多型の実測値と期待値の差について，x^2検定した結果，両値はよく一致しており，それぞれの地方集団はそれぞれ単一のメンデル集団とみなされた．次に各地方集団の独立性の指標として遺伝的分化の有無を調べた．調査した複数集団の異質性に関するx^2検定を行ったところ，x^2値はどの組み合せにおいても有意水準には達しなかった．この結果，エステラーゼ遺伝子座を標識としてみるかぎり，当時のマダイ地方集団間の遺伝的分化を示

表 3·5 天然マダイ地方集団間の異質性に関する

	Adh^A	Adh^B	Adh^C	Adh^X	$6\text{-}Pgd^A$	$6\text{-}Pgd^B$
日本十香港＋ニュージーランド	36.423*	77.993**	37.077*	93.481**	25.343	41.478*
日本全体	13.038	8.679	10.524	63.998**	23.556	27.455
太平洋側	6.373	3.349	3.386	22.319*	——	17.356
日本海側	2.768	0.865	1.112	27.016**	4.760	4.990
瀬戸内海側	2.439	3.925	4.265	3.875	3.849	2.117

* 遺伝子頻度の推定法，各多型の実測値と期待値との差の検定法，および2集団の異同に関するx^2検定法などは「集団遺伝学概論[17]」pp. 267～268を参照されたい．

す証拠を得ることはできなかった．

1980年〜1984年にかけて，再びより多くのアイソザイム遺伝子を標識として日本およびその近海よりマダイ *Pagrus major* 23ロットおよびニュージーランドのマダイ *P. auratus* 1ロットを採集し，地理的分化の調査を行った．表3·5は *Adh*，*6-Pgd*，および *Est* 遺伝子座の対立遺伝子頻度に基づき，これらの集団の異質性に関する x^2 検定を行った結果である．ニュージーランドのマダイを含めた場合は当然のことながら x^2 値は著しく大きくなり，調べた12遺伝子のうち7遺伝子について有意と判定された．一方，日本の沿岸の集団に限定すると x^2 値は小さくなかったが，それでも Adh^X，Est^F，Est^X などで有意と判定された．とくに，1975年から1976年の調査で有意でなかった Est^F

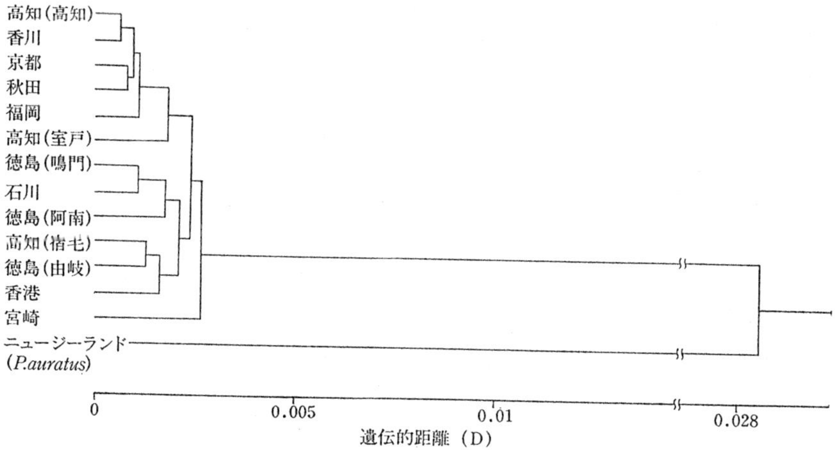

図 3·3 遺伝的距離（D値）に基づく天然マダイ地方集団間の遺伝的類縁関係（未発表）

カイ自乗値（1983〜1984年を中心とする調査（未発表））

$6\text{-}Pgd^C$	$6\text{-}Pgd^D$	Est^D	Est^E	Est^E	Est^A	自由度
45.886**	31.480	115.468**	28.502	48.049**	54.870**	23
29.391	26.548	30.878	21.961	38.618*	47.301**	21
20.240*	16.332	14.664	8.830	6.788	20.111*	10
2.595	4.632	5.377	6.846	20.092**	5.377	5
4.468	4.589	6.714	4.302	7.218	18.780**	4

* 危険率5％で有意
** 危険率で1％有意

やEst^X に関する x^2 値が有意と判定されたことは注目に値する．

つぎに，調べた17アイソザイム遺伝子座にもとづき，遺伝的類似度を示す指数（集団間の遺伝的距離*，D値）を算出し，それにもとづき類縁図を作成した（図3·3）．マダイの2集団間のD値は0.0007〜0.0044の範囲に分布し，平均値は0.0020であった．マダイの地方集団間のD値を海産底生魚という点でよく似ているニベの場合[20]（表3·6，図3·4）と比較すると，ニベの地方集団にみられる東・西2グループ間のD値0.0086に比べやや低いが，グループ内のD値の平均（0.0004）に比べ明らかに高いことが判った．地方集団間の類似性については遺伝的距離と地理的距離の間に相関は認められず，太平洋群，日本海群，瀬戸内海群というようなまとまりは認められなかった．

表 3·6　ニベ種族間の遺伝的距離（D）
（Dの算出には *Adh*，*6-Pgd*，*Pgm*，*Idh*，*Aat-1* および *Aat-2* など9遺伝子座を用いた）

海域	土佐湾	熊野灘	遠州灘	鹿島灘
日向灘	0.0004	0.0067	0.0101	0.0129
	土佐湾	0.0078	0.0052	0.0091
		熊野灘	0.0005	0.0009
			遠州灘	0.0004

遺伝的距離[18]：

$$D=-\log_e I$$

$$I=\frac{J_{XY}}{\sqrt{J_X J_Y}}$$

$$J_X=\sum_j\sum_i\frac{(x_{ij})^2}{\gamma}$$

$$J_Y=\sum_j\sum_i\frac{(y_{ij})^2}{\gamma}$$

$$J_{XY}=\sum_j\sum_i\frac{x_{ij}\cdot y_{ij}}{\gamma}$$

x_{ij}，y_{ij} はそれぞれ X および Y 集団における j 番目の遺伝子座の i 番目の対立遺伝子頻度

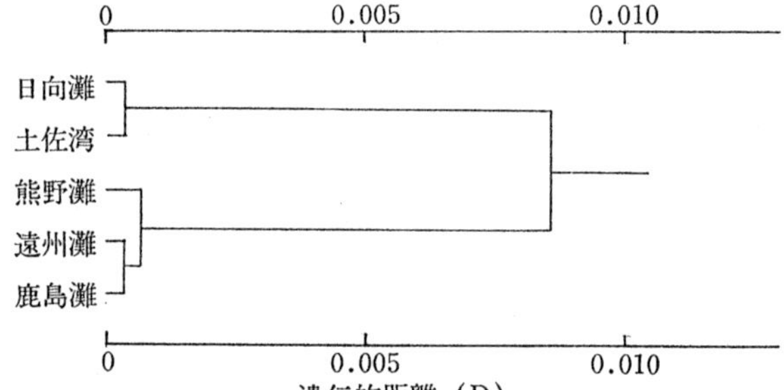

図 3·4　遺伝的距離に基づくニベ種族の系統図．D値は9遺伝子座に基づき計算（谷口[20]）

以上の結果を総合すると，マダイの地方集団間には明瞭な系統的分化は認められず，遺伝的分化も小さく，隣接する地方集団間の部分交流の可能性は否定できなかった．一方では地方集団間のD値は海産アユ[7]やニベ[20]のケースに比べて決して小さくな

* Genetic distance は NEI[18] の式により算出．計算法および類縁図の作成法は人類学講座10巻[19]を参照されたい．

く，対立遺伝子頻度にみられる2集団間の差の x^2 検定の結果，複数の遺伝子で有意差が認められるなど，それぞれの地方集団の独立性が示唆された．1975年当時に比べ1980年以後はエステラーゼ遺伝子座の対立遺伝子頻度における集団間のばらつきが大きくなっているのは人工種苗放流の影響かもしれない．マダイ系統群については放流の影響を考慮しながらさらに検討を重ねる必要がある．

FAO 専門家会議は魚類遺伝資源の保全に関する勧告[11]の中で，同種内地方集団の特性を種全体としての遺伝的多様性ととらえ，種内集団の多様性の維持を訴えている．分子多型に基づく調査で地方集団間の分化が認められたことが魚類の生活にかかわる生理・生態的な形質における遺伝的分化に直接結びつくわけではない．しかし，サケでは系統群間で産卵に関する生理的特性に差があるということである[21]．琵琶湖産アユが海産アユから隔離されておよそ1.5万年程度*が経過したといわれ[7]，同一条件で飼育した場合，約2か月早く産卵し，成長カーブはやや冷水性の特徴を示す[22]などはその例と考えられる．

人工種苗生産用親魚は遠く離れた海域から導入するより放流予定海域から確保する方がより道理にかなっていると思われる．岡崎[23]はサケの放流事業において異なる系群から移植した場合に効果が小さく，その原因として地方集団の特性の存在を示唆し，近隣河川からの移植をすすめている．

西日本におけるマダイの養殖用天然種苗は長崎，熊本，韓国，香港などから導入されている昨今，採卵用親魚の確保に際して，その由来に十分注意を払う必要がある．

§4. 人工種苗における対立遺伝子頻度の変化

マダイの人工種苗生産が技術的進歩をみ，軌道に乗りはじめた1975～1976年にマダイの肝臓エステラーゼを調べたところ，天然種苗の対立遺伝子頻度に地理的変化がほとんど認められなかったのに対し，人工種苗では遺伝子頻度に生産機関による差が認められた（表3·7）．その変動幅は各種苗生産機関において採卵に用いた親魚の数が少ないほど大きく，多いほど小さかった．今，一つのメンデル集団においてある多型的遺伝子座の対立遺伝子の頻度 p であるとき，この集団から雌雄比ほぼ 1：1 の親魚N尾を用いて採卵した時，人工種苗集団の遺伝子頻度 $\overline{x}$ およびその分散 V_x は

---

* 2集団が隔離されてからの時間は $T=5\times10^6\times D$ で算出される（NEI[24]）

$$\overline{x}=p, \qquad V_x=p(1-p)/2N$$

となる．この式は親魚数が少ない時，もとの集団の p を中心に±の方向へ大きく変動することを示しており，これは遺伝子頻度の機械的浮動と称される現象である[12]．今，p の変動幅を５％以内におさめるためには50尾～500尾（確率95％）の親魚が必要であることが親魚数 N と変動幅 R の関係から推定される（図3·5）．

表 3·7　マダイ人工種苗集団における肝臓エステラーゼ遺伝子頻度（1975～1978年の調査）

対立遺伝子	種苗生産場				
	広島	徳島	長崎	高知（1976）	高知（1978）
E	0.536	0.867	0.646	0.582	0.517
F	0.286	0.062	0.220	0.180	0.210
*X**	0.179	0.067	0.134	0.238	0.272
供試魚数	14	15	41	61	143
産卵槽に収容された親魚数	368	13	50	350	540

*　*X* は *E*，*F* 以外の対立遺伝子を含む．

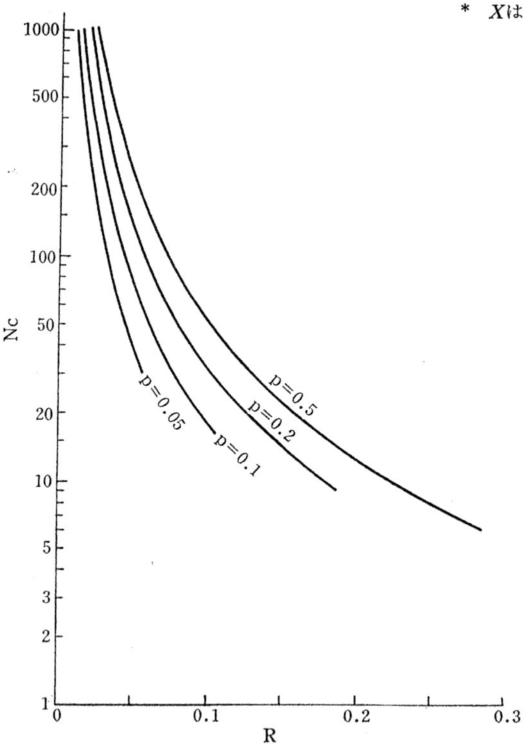

図 3·5　有効親魚数(Nc)と遺伝子頻度が p のときの種苗集団における変動幅(R)との関係（遺伝的浮動を確率95％で R 以内に保つために必要な数が Nc である）(原図)

谷口ら[8]は人工種苗における遺伝子頻度の変動幅と親魚数の関係式

$$N_e=(2N_S-1)/2(2N_SV_{\Delta p}-1)$$

を導き，当核の人工種苗に対し遺伝子を実際に供給した親魚の数* N_e を推定した．ここで N_S は遺伝子頻度の推定に用い

*　有効親魚数（effective number of parents）

表 3·8 クロダイ人工種苗における親集団の遺伝子頻度（p）に対する変動（$\Delta p/s$）（TANIGUCHI *et al.*[8]）
（人工種苗は高知，岡山，香川および大阪の種苗生産機関から得た）

		Adh^B	CK^A	$Est\text{-}2^A$	$Gpd\text{-}1^B$	$Gpd\text{-}2^A$	$Gpi\text{-}2^B$	Idh^A	$Mdh\text{-}1^A$
親魚集団の遺伝子頻度（p）		0.981	0.015	0.642	0.872	0.997	0.995	0.030	0.016
$s=\sqrt{p(1-p)}$		0.1365	0.1215	0.4794	0.3341	0.0547	0.0705	0.1706	0.1255
$\Delta p/s$	高知	−0.227	−0.123	−0.373	+0.383	+0.055	+0.071	−0.176	−0.127
	岡山	+0.139	+0.288	−0.478	+0.383	+0.055	+0.071	+0.117	−0.127
	香川	+0.139	+0.082	−0.713	−0.177	+0.055	+0.071	+0.047	−0.048
	大阪	+0.139	−0.123	+0.096	+0.383	+0.055	+0.071	−0.176	−0.063

		$Mdh\text{-}3^A$	Pgd^B	Pgm^A	Sdh^A	$Sp\text{-}1^A$	$Gp\text{-}2^A$	$Sp\text{-}3^A$
親集団の遺伝子頻度（p）		0.962	0.908	0.997	0.959	0.276	0.142	0.253
$s=\sqrt{p(1-p)}$		0.1912	0.4794	0.0547	0.1983	0.4470	0.3491	0.4347
$\Delta p/s$	高知	−0.063	−0.028	+0.055	−0.232	−0.002	−0.049	+0.081
	岡山	+0.199	+0.017	+0.055	−0.081	+0.083	+0.132	−0.265
	香川	−0.094	−0.069	+0.055	+0.207	−0.282	+0.011	+0.007
	大阪	+0.063	+0.318	+0.055	+0.207	+0.306	+0.060	+0.541

たサンプル数，$V_{\Delta p}$ は人工種苗の一世代当たりにあらわれる分散の平均に等しい．クロダイの人工種苗における 15 遺伝子座の対立遺伝子頻度の変動幅（表3·8）にもとずいて算出された N_e は 16～28 であった（表 3·9）．この数は産卵

表 3·9　クロダイ人工種苗における遺伝子の機械的浮動に基づいて推定した有効親魚数（*Ne*）(TANIGUCHI *et al.*[8])

種苗生産地	$\sum d^2$	$V=\sum d^2/15$	*Ne*
高　知	0. 478215	0. 031881	25. 48
岡　山	0. 659336	0. 043956	15. 70
香　川	0. 717487	0. 047833	27. 70
大　阪	0. 786405	0. 052427	24. 48

水槽に収容されていた親魚数 102 尾に比べ著しく小さく，継代的に採卵が行われる場合には変異の減退および近交係数の上昇を防ぐことはできない．

マダイの種苗生産ではクロダイに比べはるかに多くの親魚を用いて採卵が行われている（表 3·10）．1983～1984年に再び各地の機関で生産された人工種苗について遺伝子頻度の変動状況を調べた．表 3·11 は人工種苗集団間の異質性に関する x^2 値であるが，有意と判定される遺伝子が天然集団間の場合（表3·5）に比べはるかに多いことが判った．このような事実は遺伝子頻度の機械的浮動を防止するためには産卵水槽へ収容する親魚の数が多いだけでは不十分で，採卵日数を増す等して N_e そのものを増すための工夫をする必要性を示唆している．

§5.　変異の水準およびその減退

自然集団中には比較的多量の変異が保持されている．それらの変異は現時点では適応的に中立であるとしても，進化史上重要な意義があったか，もしくは，今後有用となる潜在性を持っている．このような変異は生物種の多様化および進化にとって必要不可欠のものであったにちがいない．

集団中の変異量は通常，多型的遺伝子座率および異型接合体率（H）で表わされる．表 3·12 はタイ科魚類の変異水準を種間で比較したものである．これらの変異の指標はマダイ，チダイ，クロダイなど資源量（個体数）の比較的多いもので高く，ウスベニレンコンやヘダイのような資源量の少ないもので低い傾向が認められた．同様の傾向はアユにおいてもみられ，両側回遊型アユの平均異型接合体率が 0. 044[7] であるのに対し，今や絶滅寸前といわれるリュウキュウアユでは 0. 001[25] にまで低下している．

表 3·10 人工採苗に用いたマダイ親魚の由来および採卵状況

	地名	鹿児島	宮崎	高知	徳島 (1983)	徳島 (1984)	神奈川	千葉-1	千葉-2	島根	京都	石川	秋田	広島	(1983)	広島	(1984)	兵庫	屋島
卵の由来	自家生産	○	○		○	○	○	○	○	○	○	○	○	○		○		○	
	他機関			○											○		○		○
親魚 由来	天然				○	○				○									
	人工	○	○	○				○	○		○			○	○	○		○	○
	天然+人口						○						○				○		
親魚	尾数	144	186	488	82	180	700	333	333	194	107	253	158	50	23	50	50	273	488
	雌雄比	1：1	115：71	51：49	1：1	1：1	1：1			[illegible]：1	1：1			1：1	8：15	1：1	1：1		51：49
	サイズ (cm)	38～45	41～54	38～56	35～50	38～65	30～70	30, 70	30, 70	30～90	45～	35～50	33～70	46	55～60				38～56
	年齢	4～	7	5～7	4～7	4～8	4～15	3, 6	3, 6	4～13	6～	4～5	4～16	5～6	8	6～7	5	4～5	5～7
親魚槽の大きさ (ton)		100	52.5	70～230	70×3	70×3	5400	75.8	75.8	128	50	150	100	75	20	75	40	120	70～230
親魚槽における産卵開始月日		3/21	3/24	3/21	1983 4/12	4/1	4/20	4/12	4/12	5月初旬	4/20	5/5	5/18	1983 4/11	1983 3/28	4/21	3月上旬	4/26	3/21
親魚槽における産卵終了月日		5/27	6/1	5/31		6/17	6/15	6/18	6/18	6月初旬	7/3	6/29	7/5	1983 6/17	1983 6/18	7/2	4月下旬	6/29	5/31
種苗生産用採卵月日		5/2～5/14	4/12	4/7～8	1983 5/9～10	5/14	5/30	5/12	5/30～6/7	5/14～[illegible]/26	5/11	5/20～6/16	5/31～6/12	1983 5/3	1983 5/3～4	4/30～5/1	5/1	5/30	4月中旬
種苗生産用採卵数		1200万	174万	4/7 376万 4/8 300.8万	226万	515万	270万	165.5万	357.4万	1650万	320万	2336万	3587万	108.9万	105.2万	102.2万	100万	330万	15003万

このような集団中の変異量は人工種苗において親魚数が少ない時に減退することはすでに述べた．クロダイの人工種苗集団では天然集団に比べて多型的遺伝子座率で43.6%，平均異型接合体率で22.7%減少していることが判明した[8]

表 3·11　マダイの人工種苗集団間の異質性に関するカイ自乗値（1983〜1984年

種苗生産地	Adh^A	Adh^B	Adh^C	Adh^X	6-Pgd^A	6-Pgd^B
全サンプル	38.991**	32.572*	30.317*	40.728**	15.836	33.640**
太平洋側	17.805*	24.055**	21.865**	16.203	8.832	27.254**
日本海側	7.773	1.479	5.114	6.038	——	2.669
瀬戸内海	4.225	0.777	3.101	7.197	2.559	2.063

表 3·12　タイ科魚類7種の集団中に保有される変異水準の比較
（アイソザイムの18遺伝子座に基づいて算出）（未発表）

魚　　種	個体数	多型的遺伝子座率*	平均異型接合体率（観察値）
キダイ *Dentex tumifrons*	29	0.111	0.021
ウスベニレンコ *D.* sp.	11	0	0
マダイ *Pagrus major*	32	0.167	0.042
ゴウシュウマダイ *P. auratus*	35	0.111	0.024
チダイ *Evynis japonica*	100	0.278	0.059
クロダイ *Acanthopagrus schlegeli*	17	0.389	0.085
キビレ *A. latus*	20	0.111	0.014
ヘダイ *Sparus sarba*	20	0.111	0.003

* 主要な対立遺伝子の頻度が 0.95 以下を多型とした．

表 3·13　クロダイの天然集団における遺伝変異保有水準と人工種苗における変異の減退（TANIGUCHI *et al.*[8]）

	天然集団（3ロット）	人工種苗（4ロット）	変異減退率(%)
調べた遺伝子座数	44	42	——
多型的遺伝子座の数*	13.3	7.5	43.6
1遺伝子座当りの対立遺伝子数	1.35	1.19	11.7
多型的遺伝子座率	0.30	0.18	41.3
平均異型接合体率（観察値）	0.066	0.051	22.7
H^0/H^e**	1.02	0.98	——

*　主対立遺伝子頻度が 0.99 以下を多型とした．

**　平均異型接合体率の観察値と期待値の比．

（表 3·13）．1983年から1984年のマダイ人工種苗の調査ではクロダイに見られたような顕著な変異の減退は認められなかった（表 3·14）． t 世代後の異型接合体率（H_t）は

に全国の栽培漁業センターから集めたサンプル18ロットに基づいて算出）（未発表）

6-Pgd^C	6-Pgd^D	Est^D	Est^E	Est^F	Est^X	自由度
36. 886**	39. 328**	91. 311**	35. 148**	34. 185**	56. 733**	17
29. 855**	19. 334*	72. 436**	26. 988**	13. 159	33. 772**	9
2. 669	——	14. 015**	2. 6121	12. 231**	13. 422**	3
1. 992	5. 959	2. 926	5. 017	1. 855	4. 522	3

* 危険率 5 %で有意
** 危険率 1 %で有意

表 3·14 マダイの天然集団および人工種苗の遺伝変異保有水準の比較（未発表）

	天然集団(24ロット)	人工種苗(18ロット)	変異の減退率(%)
調べた遺伝子座数	12	12	
多型的遺伝子座の数*	7. 00	6. 13	12. 4
1遺伝子座当たりの対立遺伝子数	2. 013	1. 854	8. 9
多型的遺伝子座率	0. 583	0. 511	12. 4
平均異型接合体率	0. 147	0. 147	0. 0
H^0/H^e**	0. 975	1. 003	

* 主対立遺伝子頻度が 0. 99 以下を多型とした．
** 平均異型接合体率の観察値と期待値の比．

$$H_t=2p(1-p)\left(1-\frac{1}{2N}\right)^t$$

で表わされ，H_t は毎代 $\frac{1}{2N}$ の割合で減少する[26]．とくに，人工種苗集団のように N_e が小さい時にこの傾向は顕著に現われる．資源水準の低い魚種で変異水準が低いことも，人工種苗で変異が減退することも上記の式でよく説明される．

変異の減退そのものは集団中に保有されていた貴重な遺伝資源を失うという[10]側面もあるのだが，変異の減退とともに集団の適応値が低下するという点がより重視される[26]．KOLJONEN[27] はフィンランドの各地から得たニジマス集団において，変異水準と成長率の間に負の相関を認めている．しかし，適応値や成長率の低下は変異の減少によって直接的にもたらされるのではなく，本当の原因は少ない親魚を用いて次代を生産したため近親交配が起こり，結果的

に有害遺伝子や弱有害遺伝子がホモ化したためと考えられている[26]．下記の式

$$H_t = 2p(1-p)\{1-F_t\}$$

は近交係数（F_t）と t 世代後の異型接合体率（H_t）の関係を示している[26]．近交係数の上昇と変異減退の関係はこの式でよく説明される．

§6. 近親交配の防止

近親交配とは兄妹関係やいとこ関係のような血縁関係の深い個体同士の交配

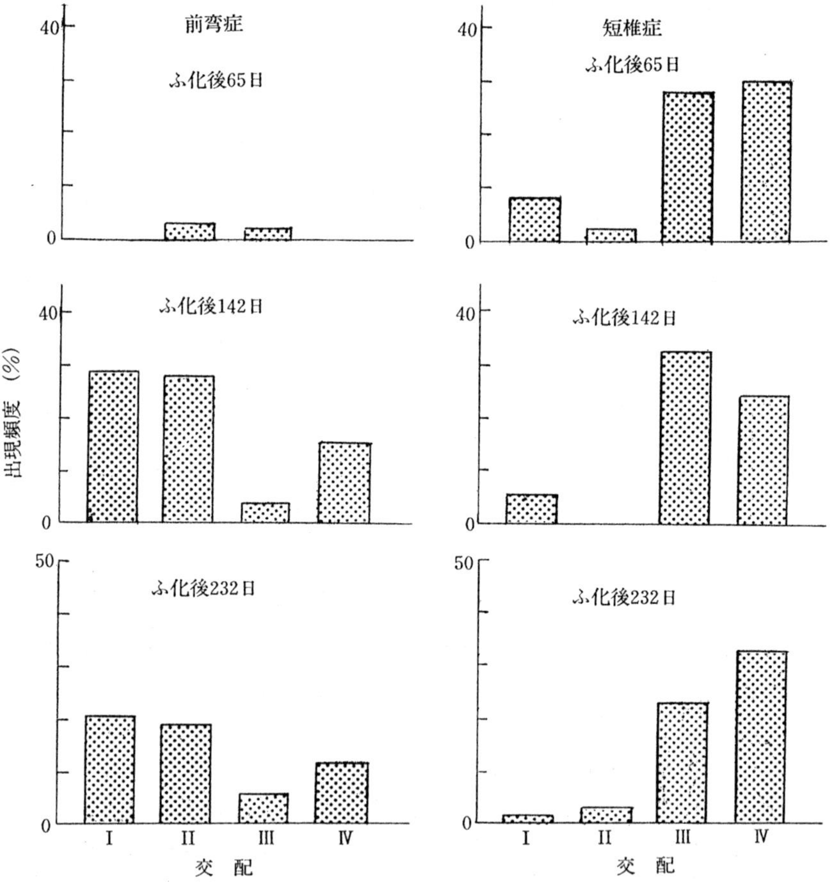

図 3･6　マダイ人工種苗における前弯症および短椎症発生率に見られた親間差．親を異にする全兄弟群，I～IVは飼育条件を同じくする目的でふ化直後から混合され同一水槽で飼育された．各個体の親子鑑別はアイソザイムマーカーによった[39]．

を意味する．少数の親魚を用いて生産した人工種苗には兄妹関係にある個体が非常に多くなり，近交係数は上昇する．今，有効親魚数をNとするとき，t世代目の近交係数は

$$F_t=\frac{1}{2N}+\left(1-\frac{1}{2N}\right)F_{t-1}$$

で示される．FAOの遺伝資源の保全に関する専門家会議は有効親魚数を短期的事業においては50尾，長期的事業においては500尾とすることを勧めている[11]．N_eを50としたとき，近交係数は毎代1％ずつ上昇するので5～10代目には近交弱勢の影響が現われるが，N_eを500とすれば近交係数は毎代0.1％の上昇にとどめることが可能で，その上昇は無視しうる範囲におさまるということである[28]．

近交係数が上昇すれば近交弱勢効果は確実に現われる．近交弱勢効果はコイ[29]，ニジマス[30,31]，カワマス[32]，ゼブラフィッシュ[33,34]，ティラピア[35]，シクリッド[36]などで確認されている．とくに，ゼブラフィッシュ[33]やニジマス[37]の近交系においては骨格異常個体が多く発現している．

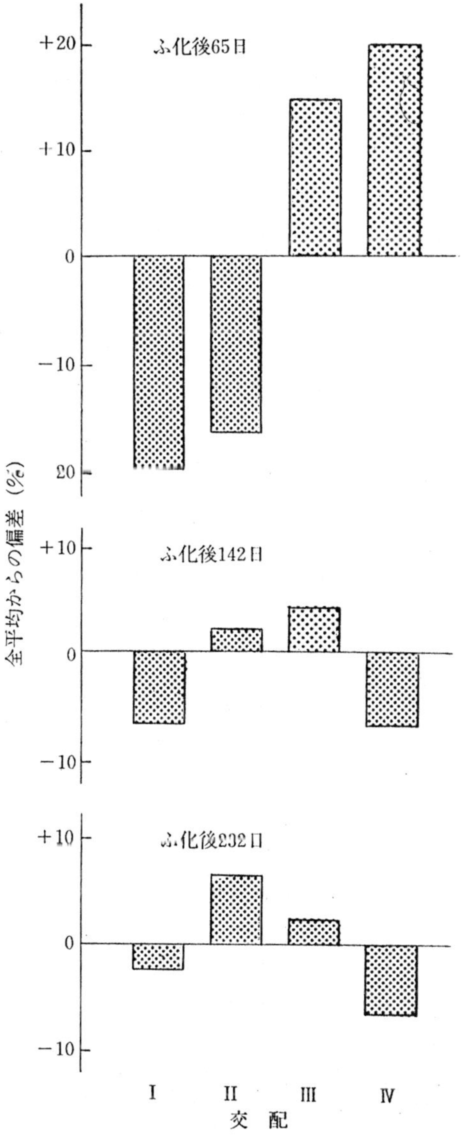

図 3·7　マダイ人工種苗における成長度にみられた親間差．親を異にする全兄弟群，Ⅰ～Ⅳはふ化直後から混合飼育され，各個体の親子鑑別はアイソザイムマーカーによった（未発表）

マダイではまだ近交の影響に関する研究はなされていない．短椎症や前彎症の発生の主な原因は非遺伝的要因であるとはいう[38]ものの，一方，それらの発生率には親魚間差が見られることから遺伝的要因が一部かかわっていることは確実である[39]（図3･6）．また，稚魚期や若魚期の成長にも親魚による明らかな差が認められている[40]（図3･7）．これらの形質は量的形質と呼ばれ，多くの同義遺伝子の支配を受ける形質である．近交係数が上昇するような種苗集団においてはこのような性質が顕在化する要素は十分考えられる[4]．

今，近交係数の上昇によって，集団の適応度が1％減退したとき，その集団の個体数は100代後には元の36.6％にまで減少するといわれている[12]．マダイの種苗生産において，親魚を継代的に使用する際には有効親魚数を十分確保し，近交係数の上昇を防止するための具体策を実施することが求められる．

§7. 有効親魚数

マダイは著しく多産性であるため，大量の卵を確保するだけならごく少数の親魚を用いて十分目的を達成できる．しかし，異型接合体率の低下，遺伝子頻度の機械的浮動，近交係数の上昇などは前出の公式からも明らかなように有効親魚数（effective number of parents）によって決まる．有効親魚数は集団遺伝学の中で定義される集団の有効な大きさ（effective size of population*），N_e に相当する．N_e は繁殖にあずかる雌親の数 N_f と雄親の数 N_m の比率によって大きく変わる．その関係式[26]は下記の通りである．

$$N_e=\frac{4N_mN_f}{N_m+N_f}$$

雌雄比が25：25のとき N_e は50であるが，1：49のような極端な場合 N_e は約4と見かけの数に比べ著しく小さくなる．この場合，すべての子魚は片親の異なる兄妹の関係（半きょうだい）になっており，高率で近親交配が起きる．雌雄比以外にも，繁殖生態上の要因がからみ N_e はみかけの個体数よりかなり小さくなることは重要である[26]．シロザケでは採卵に際しての雌雄比のアンバランスによる N_e の減少およびそれに伴う異型接合体率の低下が観察され，育種管理上改善が望まれている[41]．マダイでは採卵用親魚における雌雄比はほぼ1：1になっている（表3･10）．しかし，タンク内での産卵活動では雌雄1：1

* すべての個体が繁殖にあずかり，雌雄比が等しく，1個体が次の世代に伝える配偶子の数が平均2のポアソン分布にしたがうという理想的集団における個体数[26]．雌雄比にアンバランスがあったり，近交度の高い集団では N_e は見かけの個体数に比べかなり小さくなる．

になっているとは限らない．

クロダイでは人工種苗に現われた遺伝子頻度の機械的浮動に基づいて推定した有効親魚数（表 3·9）が産卵水槽に収容された親魚数に比べ著しく低かった[8]．この原因は採卵の前日の夕刻に行われた産卵活動に参加した親魚が少なかったことの他，性比に偏りがあった可能性も考えられる．

産卵期の初期には未受精卵（沈下卵）が大量に含まれていることがある．ニベで人工採卵を行った後，親魚と仔魚のアイソザイム遺伝子を調べたところ，2尾の雌親のうち一方の親の仔は全く生残していなかった[42]．このような現象はほとんどの場合，用いた卵が過熟状態にあったため発生過程で死亡していたと見られる．特に種苗生産が軌道にのる以前には実際に繁殖にあずかった親魚数がみかけの数より極端に少ないというようなケースが多かったのではないかと思われる．アユの人工種苗において天然では極めてまれな *Mdh-1*^{140} という遺伝子の頻度が著しく増加していた[7]のはその例かもしれない．この場合，親魚数は初代が 50 尾，2代目以降はおよそ 200～833 尾と多いが，当初，繁殖にあずかった親魚数はよほど少なかったものと考えられる．この場合，使用尾数と有効尾数のずれは N_e の問題というよりは種苗生産技術上の問題に属するが，アイソザイムマーカーによる変異水準の測定により，有効親魚数を毎世代推定する必要があると思われる．近交を防止する方法として家系間交雑法が提起されている[28]が大量生産においては応用法の検討が必要である．

§8. 無意識的選択の防止

アユは生活史が短く，種苗生産場によってはすでに10世代を超えているところもある．このような種苗生産場では毎代成長率の高いものを選択し，その効果が現われ始めていると聞く．しかし一方では鱗が大きくなったとか，縄張りをもつ習性が弱くなったというあまり望ましくない性質を獲得したという指摘もある．ニジマスでは産卵期，成熟年齢，多産性，成長，耐病性などに関する選択の効果が現われている[43]．このような選択反応のみられる形質については特別に意図しないのに養成の過程や採卵の作業手順の中で，結果として選択圧がかかり変化がもたらされたというケースもあるようである．人間が親魚を選び，それらを管理する以上，無意識的選択が働くことは避けられない．しかしながら，放流用種苗を作出するかぎり無意識的選択が働かないように心がけ，これを防止する必要性のあることには変わりがない．

§9. まとめ

種苗生産過程には以上に述べたような遺伝育種学的問題があるが，いずれの場合も我々の目にふれるのは人工種苗集団中の現象であり，また分子多型を指標として見たときの遺伝的変化である．人工種苗において経済的損失を与える成長率や生残率などを含む量的形質における変化と適応度の変化の関係を把握したような実例はまだない．また人工種苗における遺伝的変化が天然集団に影響を与えたという実例もない．このような懸念される現象が実際起こっていないか，もしくは無視しうる程度とすればそれは幸いなことである．しかしもともと人工種苗や天然集団における適応度の低下を科学的に究明することは極めて困難な仕事であって，それゆえに，予測される遺伝・育種学的問題は事態がずっと進行して後，“遺伝資源の保全”のレベルから“保存”のレベルに達し，とり返しのつかなくなった時にはじめて現われるだろう*．したがって実例がないからという理由で“保全”のための諸施策を実行しないのは単なる怠慢の誹りをまぬがれない．

おわりに，マダイの人工種苗生産における親魚の遺伝・育種学的管理に関する基本的提言を挙げることにした．

親魚の遺伝・育種学的管理に関する提言

1）天然集団の動態および人工種苗集団における遺伝的変化をモニターするための技術を確立する．

2）変異の減退および近交係数の上昇を防止するため，有効親魚数を短期的（10世代以内）には50以上，長期的には500以上とする（有効親魚数は N_e であることに特に留意し，創始者効果防止のため初代の有効親魚数を十分確保することは特に重要である）．

3）雌雄比によって有効親魚数が変わることに留意する．

4）地方集団または分集団の特性を維持する観点から，採卵用親魚は放流予定海域もしくはその近海の天然集団から採集したものを用いる．

5）無意識的選択が働かないよう配慮する．

---

* 保全は進化の継続の可能性を提供し，長期的維持を目的とすることで，保存は資源水準が低下し，減亡しつつある種に対し，個体や集団を維持することと定義されている[10)]．

以上の提言を種苗生産の現場において適用する場合には十分検討を加え，実行可能な具体案を作成する必要がある．

文　献

1) 谷口順彦・田島健司：マダイの肝臓エステラーゼにみられた遺伝変異について．日水誌，**44**，619～622（1978）.

2) E. W. ALLENDORF and S. R. PHELPS: Loss of genetic variation in a hatchery stock of cutthroat trout. *Trans. Am. Fish. Soc.*, **109**, 537～534 (1980).

3) N. RYMAN: Genetic changes in hatchery stocks of brown trout (*Salmo trutta*). *Can. J. Fish. Aquat. Sci.*, **37**, 82～87 (1980).

4) D. TAVE and R. O. SMITHERMAN: Predicted response to selection for early growth in *Tilapia nilotica*. *Trans. Am. Fish. Soc.*, **109**, 439～445 (1980).

5) T. F. CROSS and J. KING: Genetic effects of hatchery rearing in Atlantic salmon. *Aquaculture*, **33**, 33～40 (1983).

6) G. S'TÅHL: Differences in the amount and distribution of genetic variation between natural populations and hatchery stocks of Atlantic salmon. *Aquaculture*, **33**, 23～32 (1983).

7) 谷口順彦・関　伸吾・稲田善和：両側回遊型および人工採苗アユ集団の遺伝変異保有量と集団間の分化について．日水誌，**49**，1655～1663（1983）.

8) N. TANIGUCHI, K. SUMMANTADINATA and S. IYAMA: Genetic change in the first and second generation of hatchery stock of black seabream. *Aquaculture*, **35**, 309～320 (1983).

9) 藤尾芳久・佐々木信行・佐々木　実・小金沢昭光：ヒラメのイソクエン酸脱水素酵素アイソザイムによる自然集団と放流集団との差異．東北水研研報，**47**，51～57(1985).

10) O. H. フランケル・M. E. ソレー（三菱総研監訳）：遺伝子資源．404pp.，家の光協会，東京（1982).

11) FAO/UNEP: Conservation of the genetic resources of fish: Problems and recommendations. Report of the expert consultation on the genetic resources of fish. *FAO Fish. Tech. Paper*, No. 217, 1～43 (1981).

12) 大羽　滋：集団の遺伝．164pp.，東大出版会，東京（1977）

13) 鈴木　亮：水産育種の現状と将来—魚類．水産生物の遺伝と育種（日本水産学会編），114～135，恒星社厚生閣，東京（1979).

14) N. RYMAN: Fish gene pools. *Ecol. Bull.*, **34**, 1～111 (1981).

15) 沼知健一：アイソザイムによる魚類の集団遺伝学．淡水魚，8，41～57（1982).

16) 谷口順彦・岡田容典：マダイの生化学的多型に関する遺伝学的研究．日水誌，**46**，437～443（1980).

17) 木村資生：集団遺伝学概論．312pp．培風館，東京（1974).

18) M. NEI: Genetic distance between populations. *Amer. Naturalist*, **106**, 283～292 (1972).

19) 人類学講座編纂委員会：人類学講座第10巻，遺伝．256pp．雄山閣出版，東京(1977).

20) 谷口順彦：ニベの生物学③，種族分化．海洋と生物，**18**，69～75（1982).

21) R. F. TALLMAN: Genetic adaptation among seasonal races of chum salmon, *Oncorhynchus keta*: implications for management. IN: proceedings of the 1985 Pink and Chum Workshop. B. SHEPHERD and C. LEVINGS, Rappotreurs, Canadian Department of Fisheries and Oceans, Vancouver, British Columbia (1985).

22) 関　伸吾・谷口順彦・村上幸二・米田　実：湖産アユと海産アユの成長，成熟および行動の比較．淡水魚，**10**，101～104(1984).

23) 岡崎登志夫：シロザケ河川集団の遺伝的分化．海洋科学，**13**，17～26（1981）．

24) M. NEI: Interspecific gene differences and evolutionary time estimated from electrophoretic data on protein identity. *Amer. Naturalist*, **105**, 385～398 (1971).

25) M. NISHIDA: Substantial geneticdefferentiation in ayu *Plecoglossus altivelis* of the Japan and Ryukyu Islands. *Bull. Japan. Soc. Sci, Fish.*, **51**, 1269～1274 (1985).

26) 向井輝美：集団遺伝学．274pp.，講談社，東京（1980）．

27) M. L. KOLJONEN: The enzyme variation of ten rainbow trout stocks in Finland and the relation between growth rate and mean heterozygosity. Abstract of the Second International Symposium of Genetics in Aquaculture, p.33 (1985).

28) D. TAVE: Effective breeding efficiency: An index to quantify the effects that different breeding programs and sex ratios have on inbreeding and genetic drift. *Prog. Fish-Cult.*, **46**, 262～268 (1984).

29) MOAV and WOHLFARTH: Genetic improvement of yield in carp. Proceedings of the world symposium on warm-water pond fish culture. *FAO Fish. Rep.*, **44**, 12～29 (1968).

30) H. L. KINCAID: Effects of inbreeding on rainbow trout populations. *Trans. Am. Fish. Soc.*, **105**, 273～280 (1976).

31) H. L. KINCAID: Inbreeding in fish populations used for aquaculture. *Aquaculture*, **33**, 215～227 (1983).

32) E. L. COOPER: Growth of wild and hatchery strains of brook trout. *Trans. Am. Fish. Soc.*, **90**, 424～438(1961).

33) R. D. PIRON: Spontaneous skeletal deformities in the zebra danio (*Brachydanio rerio*) bred for fish toxicity tests. *J. Fish. Biol.*, **13**, 79～83 (1978).

34) M. MRAKOVČIĆ and L. E. HALEY: Inbreeding depression in the zebra fish, *Brachydanio rerio. ibid.*, **15**, 323～327 (1979).

35) M. T. CH'ANG: Influence of inbreeding on tilapia (*Tilapia mossambica*). *Sov. Genet.*, **7**, 1277～1282 (1971).

36) K. O. WINEMILLER and D. H. TAYLOR: Inbreeding depression in the convict cichlid *Cichlasoma nigrofasciatum. J. Fish. Biol.*, **21**, 399～402 (1982).

37) D. AULSTAD and A. KITTELSEN: Abnormal body curvatures of rainbow trout inbred fry. *J. Fish. Res. Bd. Canada.*, **28**, 1918～1920 (1971).

38) 北島　力：マダイの採卵と稚魚の量産に関する研究．長崎県水産試験場論文集，**5**，1～92（1978）．

39) 谷口順彦・東　健作：マダイ人工種苗の脊椎異常発生率にみられた親間差．日水誌，**50**，787～792（1984）．

40) N. TANIGUCHI, R. HAMADA and H. FUJIWARA: Genetic difference in growth between full-sib groups of a maternal half-sib family observed in the juvenil stage of red seabream and nibe-croaker. *Bull. Japan. Soc. Sci. Fish.*, **47**, 731～734 (1981).

41) 木島明博：シロサケ集団の育種管理について．水産育種，**7**，9～16（1982）．

42) 谷口順彦・岡田容典：アイソザイムによるニベの半きょうだいの両親判別．水産育種，**4**，7～9（1979）．

43) 加藤禎一：ニジマスの選抜育種．海洋科学，8(7)，21～25.

II. 天然当歳魚の生態

4. 稚仔魚の生態

田 中 克*

マダイの卵や仔魚の生物学的知見は，岸上や北原の卵発生実験[1~3] 以来多くの研究者によって集積されて来た．マダイは1960年代に入って栽培漁業の最重要魚種に取り上げられ，多くの試験研究を通じて1970年代半ばには基本的な種苗生産技術が確立するにいたった[4]．同時に，これらの飼育試験を通して，マダイの産卵や卵・稚仔魚についての生物学的知見が飛躍的に充実した[5]．

一方，天然海域におけるマダイ稚仔魚の生態に関する知見は，1970年代に入って九州西海域[6]・日本海域[7]・瀬戸内海域を中心に展開された栽培漁業事前生態調査を通じて集積され始めた．しかしこれらの調査の重点は，成育場へ来遊後の幼稚魚の生態に置かれたため，浮遊生活期の稚仔魚の生態や着底過程の解明は，1975年より３年間にわたって展開された農林水産技術会議の「資源培養方式開発のための沿岸域における若齢期タイ類補給機構に関する研究」[9] に委ねられる．筆者は長崎県平戸島志々伎湾をモデル海域にしたこの研究グループに参加する機会に恵まれ，1978年以降も継続的な調査研究にたずさわっている．

本稿では，1975年から1984年にわたる10年間の研究で得られたマダイ稚仔魚期の生態的知見を紹介し，それらの知見を基礎に，本種の資源培養の可能性や問題点にも触れてみたい．

§1. 浮遊期仔魚の生態

出現期　成熟親魚が産卵場へ来遊する時の水温は14°C 前後，産卵盛期の水温は14～17°C 前後である[9,10]．産卵水深の水温が14°C 前後になる時期は海域によって異なり，マダイの産卵期は南日本で早く，北日本で遅くなる．九州西海域における本種の産卵は，鹿児島県下では２月に始まり，福岡県では５月下旬まで続く[6]．長崎県下には，五島列島周辺・鯵曽根・壱岐島周辺などに主産卵場が形成され，４月を盛期に産卵が行われる．これらの産卵場で生まれた

---

* 京都大学農学部

仔魚は，主として対島暖流主流域の内側に分布し，30〜40日の浮遊生活期に分散するとともに，各所に形成される環流域に集積される．

平戸島周辺海域における浮遊生活期の仔魚は，水温 13°C 台の 3 月下旬より出現し始める．出現盛期は 16〜18°C の 4 月下旬〜5 月上旬で，その出現は 20〜21°C の 6 月上旬まで続く[11]．出現盛期は年によってかなり変動する傾向が認められ，1983年や1984年では 5 月下旬に最も分布密度が高く，5 月上旬を中心に半月前後の遅速が生じるようである．厳しい冬季のため春季のマダイ産卵期がかなりの低水温で経過した1984年には，仔魚の出現盛期は 5 月下旬にみられ，産卵活動と水温が密接に関連する[10]可能性が推定される．

仔魚の出現盛期の年による 1 か月前後の遅速は，餌となるプランクトン生物の出現や増大のタイミングと微妙に関わり，浮遊生活期における生き残りに重大な影響を与えるものと推定される．また，このことは稚魚の着底過程に深く関わるかいあし類のスウォームの形成・発達や餌料底生動物の増大など幼稚魚成育場の成立状態を通して，底生生活期の稚魚の生き残りにも影響を与えると考えられる．

水平分布　五島灘北部海域における1982年および1983年 5 月上旬のマダイ仔魚の分布状態を図4·1 に示す[12]．両年で分布パターンはやや異なり，あまり特徴的なパターンはみられない．当海域では，潮流が卓越し[13]，左旋性の弧を

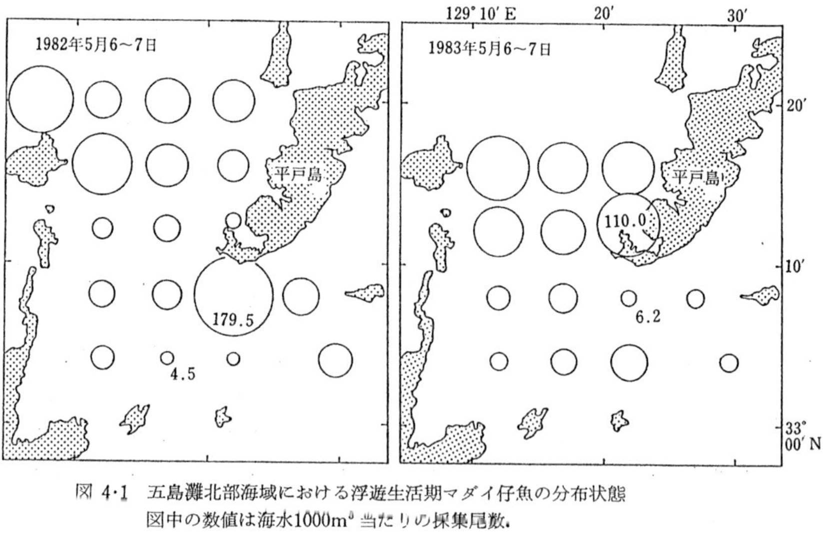

図 4·1　五島灘北部海域における浮遊生活期マダイ仔魚の分布状態
図中の数値は海水1000m³当たりの採集尾数．

描くように往復運動する流れのため，五島列島周辺や平戸島周辺で産卵されふ化した仔魚は徐々に海域全体に分布を広げながらも，それほど遠方まで拡散しないと推定される．当海域に出現する仔魚の密度は，1982年には1定点当たり4.5〜179.5尾/1000m^3（平均50.3尾/1000m^3），1983年には6.2〜110.0尾/1000m^3（平均43.1尾/1000m^3）と高い密度であったが，年によっては10尾/1000m^3以下のことも多く，年変動は著しい．

産卵後，周辺海域に浮遊分散した仔魚は，潮流によって移送拡散される一方で，地形性の環流域や流れの収束域に集積される．仔魚が集積されやすい場所は，海域の流動特性によって異なり，佐賀県唐津湾では湾口部から湾外域に[14]，山口県油谷湾では湾中央部に[15]，山口県仙崎湾では湾奥部に[16]みられる．志々伎湾周辺海域では，このような環流域は湾口部にみられ，反時計回りの流れが形成される．湾口部より約1〜1.5km湾内に入った海域に外海系水と湾内系水の境界が形成され，透明度の不連続的変化帯として観察される[11]．このような当湾の流れや水塊配置と対応して，マダイ仔魚の水平分布には顕著な水平的密度傾斜がみられ，この境界域をはさんで密度は1桁近く激変する[11,12]（図4・2）．

浮遊生活期のマダイ仔魚は，湾奥部の幼稚魚成育場への接岸回遊に必要な主体的条件が整うまで，すなわち"浮遊稚魚期"に到達するまで，湾口部を仔魚成育場として発育・成長するものと考えられる．

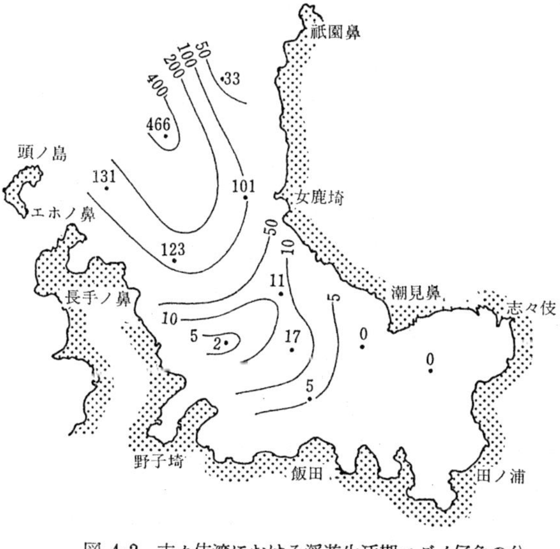

図 4・2　志々伎湾における浮遊生活期マダイ仔魚の分布状態（1977年4月29日）
図中の数値は海水1000m^3当たりの採集尾数

鉛直分布　志々伎湾口部における浮遊生活期のマダイ稚仔魚の鉛直分布とその日周変化の一例を図4・3に示す[12]．仔魚は昼間には底層を中心に分布し，上層ほど密度は低く，表層にはほとんど出現しない．日没後仔魚の分布層は上層へと拡大し，夜間には昼間とは逆に表層の密度がやや高くなる．夜明けとともに再び分布の中心は中層から底層へと移行する．仔魚の主な分布層は，水深30m前後の沿岸域では昼間は底層であるが，海域や環境条件によっ

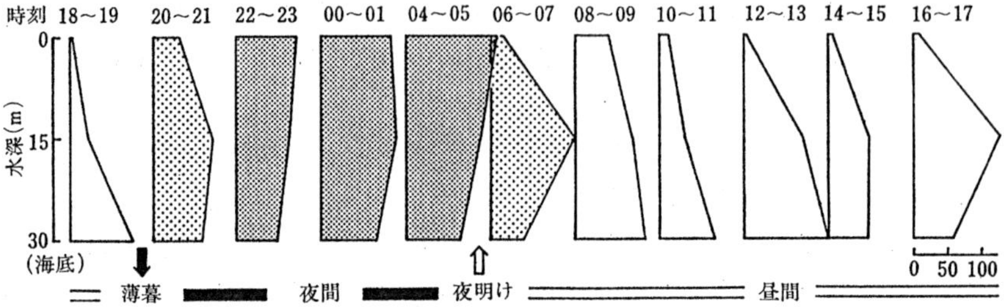

図 4·3　志々伎湾口部における浮遊生活期マダイ仔魚の鉛直分布とその日周変化（1977年4月29～30日）
スケールは $1000m^3$ 当たりの採集尾数.

ては昼間でも表層に高密度の分布がみられる場合[18]があり，採集時の天候・海洋条件やマダイ自身の生理生態的条件によって，鉛直分布はかなり変化するものと推定される．

仔魚の分布水深は成長とともに次第に深くなる傾向が認められる[12,13,16,19]が，各鰭がほぼ完成して体形が稚魚型になる浮遊生活期の最終段階の個体では，昼夜ともに表層性が高まる傾向がみられる[12,13]．このような“浮遊稚魚”の表層出現は，浅海域に形成される幼稚魚成育場への接岸回遊と密接に関連するのであろう．

食性　若狭湾西部海域産のマダイ仔魚の主要な餌生物は，かいあし類のノープリウス幼生，*Acartia* spp.，尾虫類 *Oikopleura longicauda*,，枝角類 *Penilia avirostris* などである．体長別には，3.0mm 未満の初期の仔魚では，珪藻類の *Thalassirostris* sp.，3.0～6.0mm ではかいあし類ノープリウス幼生，6.0mm 以上ではかいあし類成体・枝角類・尾虫類が主な餌となっている[18]．志々伎湾口部で採集された仔魚の餌生物もほぼ同様であり，消化系の構造が稚魚型に変化し始める 6 mm 前後[20]を境に，主要な餌生物はかいあし類のノープリウス幼生からかいあし類のコペポダイトや尾虫類に変化する[12]．

成長　従来，天然で採集された稚仔魚のふ化後の日数は類似の環境条件で飼育された稚仔魚の成長より類推されていたが，最近では耳石日周輪[21,22]を用いることによって，個体ごとに直接日齢を推定することが可能になって来ている．マダイ仔魚でもすでに耳石日周輪の存在が確認されており[23]，志々伎湾口

部で５月上旬に採集されたマダイ稚仔魚では，ふ化後27日前後で全長10mmに成長することが明らかにされている（図4･4）．天然稚仔魚は採集後直ちに80％エチルアルコールに固定・保存されたもので，稚魚網の曳網中の死亡による筋収縮や固定液の影響で最低10～15％は生体サイズより収縮しているものと推定される．このような条件を考慮すると，天然海域におけるマダイ稚仔魚の成長は，豊富な餌料供給の下で飼育された人工種苗の成長に匹敵するといえる．

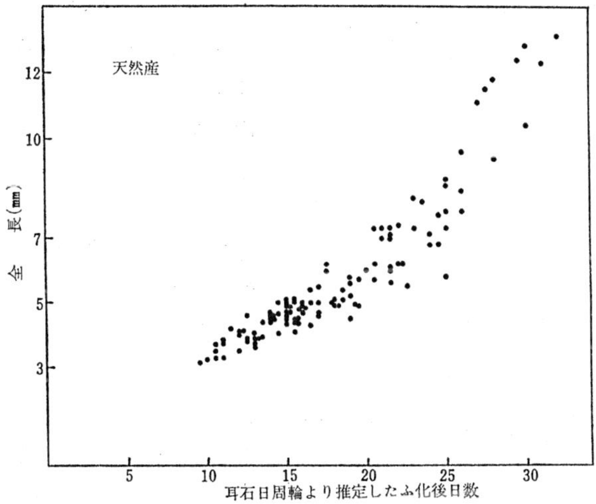

図 4･4　志々伎湾口部で採集（1981年５月）されたマダイ仔魚の成長過程——耳石日周輪による推定

近年，マダイの採卵は，養成親魚の自然産卵によっている．この方法では，親魚槽の水温を加温しない場合には，産卵は天然魚より１か月前後遅れる．したがって種苗生産は天然仔魚の成育時よりかなり高温で行われることになる．全長10mmに成長するまでの累積水温は，飼育仔魚では平均540°C前後を必要とする[5]のに対し，1982年５月上旬に志々伎湾口部で採集されたマダイ仔魚では平均440°C前後である．天然仔魚の成育水温である14～17°Cのような低水温で仔魚が飼育された例はほとんどないが，おそらく10mmに成長するのに40～50日は要するものと推定される．したがって天然仔魚は低水温下にもかかわらず，速い成長を示すといえる．これは一つには天然環境下では成長の良い個体のみが生き残っていることの反映ではないかと考えられる．同時に，飼育条件は餌が量的に豊富ではあるが，多様性の乏しい餌料環境・超過密・狭い空間・水質の悪化など仔魚の成育にとっては必ずしも良い環境ではないことを物語っているとも解釈される．

天然産仔魚の成長と飼育仔魚の成長を育った環境諸条件も十分考慮して比較検討することにより，健全な種苗の育成に多くの示唆が得られるものと期待される．

§2. 着底過程——成育場への集合過程

志々伎湾周辺海域では，浮遊生活期のマダイ仔魚の分布の中心は湾口部に形成される（図4·2）．一方，小型底曳網で採集される底生生活へ移行した直後の着底稚魚は，湾奥部の水深10m前後の細砂底域を中心に分布する．両発育段階の分布の中心には 3～4 km の水平的隔りが認められる（図4·5）．稚魚網で採集される浮遊稚魚の最大個体は全長15mm前後であり，一方，底曳網で採集される着底稚魚の最小個体は全長12mm前後である．マダイの全長12～15mm段階は，各鰭[24,25]・中軸骨格[26,27]・体側筋[28]などがほぼ完成する時期で，形態学的に見て遊泳力の飛躍的な増大や生活様式の転換を保証する体構造が確立する時期と判断される．

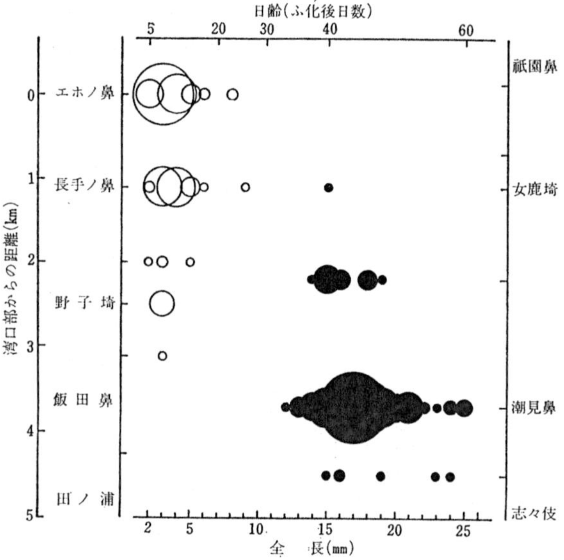

図 4·5　志々伎湾における浮遊生活期仔魚（白丸）の分布と底生生活初期稚魚（黒丸）の分布中心にみられる水平的ずれ

志々伎湾口部の浮遊仔魚の集積域で浮遊稚魚に成育したマダイは，環境選択性の発現に伴って，湾外水と湾内水の境界を乗り越えて湾内へ移動し始める．このような移動の過程で，日周期的な鉛直移動を通じて海底との接触の機会を得た浮遊稚魚は湾中央部を中心に着底するものと推定される．

底生生活に移行したマダイ稚魚は浮遊性かいあし類・ヨコエビ類・アミ類を摂餌する[29]が，個体数の上では圧倒的に浮遊性かいあし類の比率が高く[12,30]，またその傾向は着底初期ほど著しい．志々伎湾で採集された着底稚魚の胃内からしばしば100個体を超える浮遊性かいあし類が検出される．プランクトンネットの鉛直曳による調査結果では，30種類を超える浮遊性かいあし類が同定されている[31]にもかかわらず，大変興味深いことに胃内の種組成は極めて限定されており，99%以上は *Acartia clausi* と *A. steueri* の２種で占められる．また採集定点によって捕食されるかいあし類の量や種構成に著しい差が認められる．

これらの事実は，稚魚の分布層に対応する海底直上層に *Acartia* の２種が水中の平均密度よりはるかに高い密度で集中分布し，それらのパッチに遭遇した稚魚が効率的に捕食することを示唆している．志々伎湾は外海水の影響の強い開放的な湾で，浮遊性かいあし類の種構成は多様であるが，平均密度は海水1l当たり数個体以下と極めて低い値である[31]．一方，潜水によって採水器で直接採集したパッチの密度は100～500個体/l で，水中の平均密度より100倍も高い．このような高密度の集中分布は，着底稚魚の摂餌にとっては極めて好都合であり，底生生活への移行にとっても重要な意味を持つと推定される．

志々伎湾における浮遊性かいあし類の分布には，顕著な水平的密度傾斜がみ

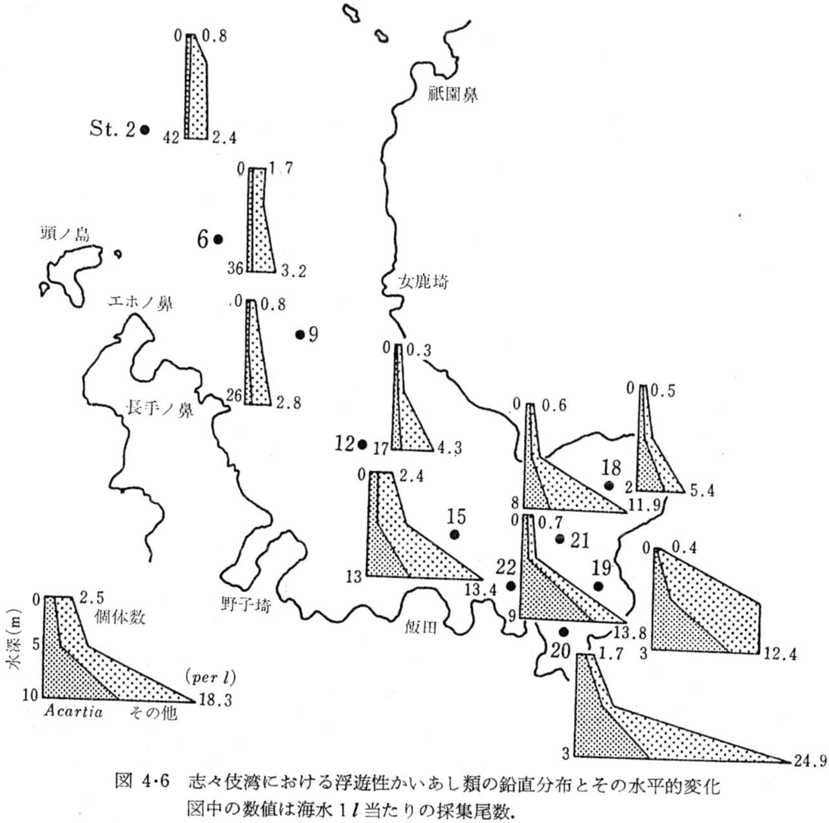

図 4·6 志々伎湾における浮遊性かいあし類の鉛直分布とその水平的変化
図中の数値は海水１l当たりの採集尾数．

られ，近底層における密度は湾中央部より湾奥部に向かって顕著に増大する（図4･6）．おそらく，海底直上に形成されるパッチの数や各パッチの密度が湾奥部へ向かって増大するためであろう．湾中央部で底生生活へ移行したマダイ稚魚は，これらのパッチに遭遇し，その密度の傾斜に応じて湾奥部へ集合するものと考えられる[12]．

温帯～亜熱帯の浅海域に生息する浮遊性かいあし類がパッチを形成して海底直上に集中分布することは，多くの種類で明らかにされつつある[33~36]．マダイ幼稚魚の主分布域となる水深10m前後の浅海域では，このような現象は，年によってある程度の消長はみられるものの，かなり普遍的なものとみなされる．人工種苗の天然海域への放流の成否は，稚魚がいかに速やかに天然の餌生物に馴化できるかにかかっていると考えられる．この点では，かいあし類の海底直上集中分布は極めて好都合な放流条件であり，これらを摂餌する20～30mmサイズでの大量放流も海域によっては有効な方法と考えられる．

§3. 底生生活期稚魚の生態――年による分布様式の違い

底生生活期のマダイ幼稚魚の生態については，この10数年間に多くの知見が集積され，本書でも大内[30]や畔田[37]によって述べられている．本節では，志々

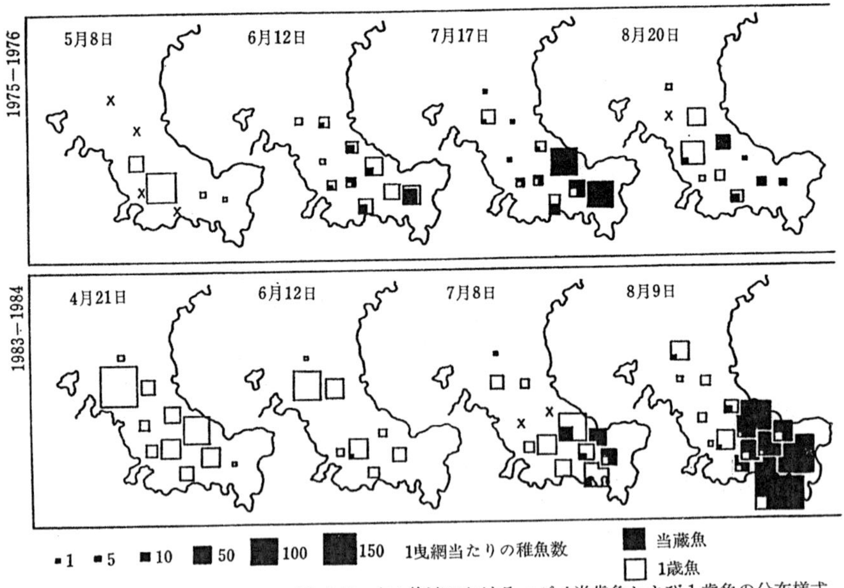

図 4･7　志々伎湾におけるマダイ当歳魚および1歳魚の分布様式

伎湾における過去10年間の調査を通じて得られた年による分布様式の違いを中心に述べる．

マダイの稚魚は，九州西岸域では初夏に成育場に加入し，夏の終りから初秋にかけて成育場を離れ沖合の海域へ移動して越冬する．このような幼稚魚の移動は当湾においても基本的には認められている[38]．稚魚の来遊量が少なかった1975年には上述のような移動がみられ，6月より稚魚が成育場に来遊し7月に湾奥部に集合した後，8月には湾外へ逸散する傾向がみられた（図4·7，上段）．一方，極端に来遊量が多かった1983年の場合には，例年稚魚が出現し始める6月や湾奥部に集合する7月にはわずかしか出現せず，湾外への逸散が始まる8月に極めて多量の稚魚が“突然に”湾奥部に出現した（図4·7，下段）．この年には，秋季においても多量の幼魚が湾内に残留するとともに，かなりの尾数の当歳魚が湾内越冬を経て翌年4月に1歳魚となって湾内に夏季まで分布した．

これらの全く異なった分布様式を示した2つの年級群の最大の違いは，来遊量に5倍の差がみられた点である．同時に，成長過程にも両年級群間で顕著な差が認められた（図4·8）．平均尾叉長は，1975年級群では9月に11.5cm，12月には14.5cmに到達しているのに対し，1983年級群では9cmと11cmで3～4cmの成長の遅れが認められた．このような成長の差は明らかに両年における

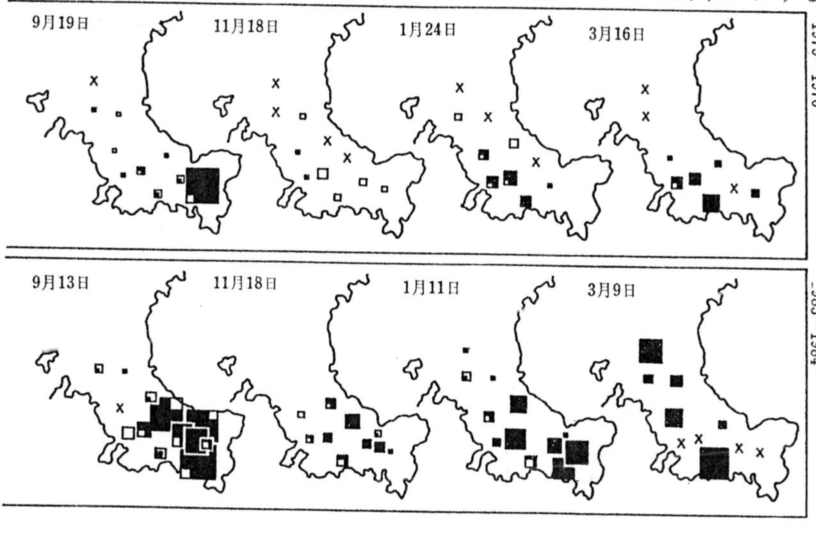

1975年級群と1983年級群の比較（西水研未発表資料）．

密度の差に起因すると考えられ，成長の遅れは湾外逸散を抑制して，湾内越冬から１歳魚として湾内に滞留する傾向を助長するものと考えられる．

成育場へ稚魚が出現する時期の遅れ・高密度・成長の停滞・湾内越冬現象は1983年級だけでなく，1981～1984年にわたって認められている．この現象は，放流時期や放流サイズを調整することによって成育場周辺に当歳魚や１歳魚を長く滞留させ得る可能性を示唆している．

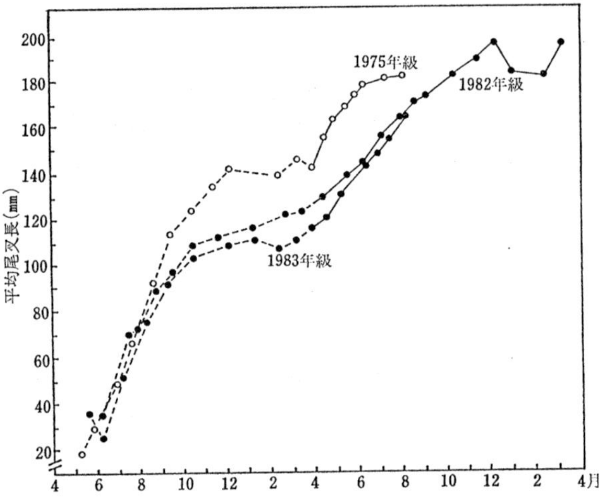

図 4·8　志々伎湾のマダイ当歳魚・１歳魚の成長過程にみられる年級間の差（西水研未発表資料）

成育場へ稚魚が出現する時期に著しい差が生じる原因には，２つの可能性が考えられる．一つはすでに述べたように浮遊期仔魚の出現期（産卵期）が年によって１か月程度前後することによる．この点は今後稚魚の日齢組成を検討して，確める必要があろう．他の一つは，成育場における前年生まれの１歳魚と当歳魚の種内関係に由来する．図4·7に示すように大量に湾内で越冬した当歳魚は，１歳魚となって４月以降当歳魚の成育場を占有する．このような年では，６月頃に湾内に来遊し

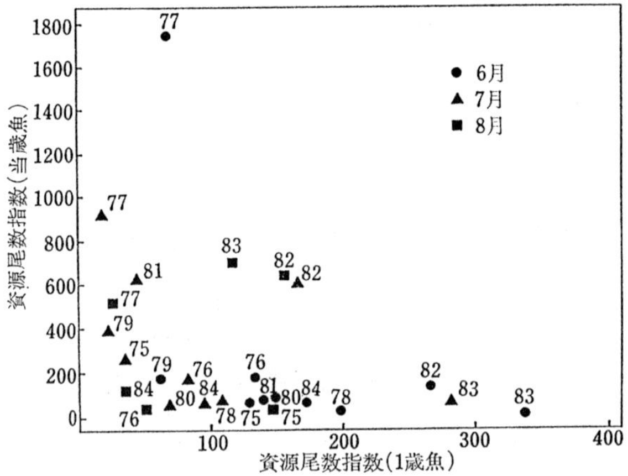

図 4·9　志々伎湾における前年生まれの１歳魚量と当年生まれの当歳魚量の関係（西水研未発表資料）

た稚魚は先住の1歳魚の影響を受けて成育場への集合が阻害され，漁具の曳網範囲外の周辺域に待機を余儀なくされる．図4·9には，前年生まれの1歳魚の量と当年生まれの当歳魚量の関係を示したが，1歳魚の多い年や月には当歳魚の採集量が少ない傾向がみられる．特に，1982年や1983年では6月から8月への月の進行とともに1歳魚量の減少に伴い当歳魚量の増加が認められる．

これらが両年級間の現実的な意味のある関係を反映しているのかどうかは，今後生活内容の詳しい分析を行った上で判断する必要がある．しかし，少なくとも1歳魚段階まで成育場周辺にマダイ若齢魚を滞留させて資源培養を計る場合には，両年級間の相互関係にも十分な注意を払う必要性があると思われる．

§4. 産出卵量の推定

資源培養の可能性や限界を考える場合，対象種の再生産のレベルを評価することは極めて重要である．稚魚網からの逃避がない卵の採集より産卵量が推定できれば良いが，マダイ卵は同定が不可能に近いため，仔魚の採集量より推定せざるを得ない．現時点でのマダイ仔魚の生物学的知見は，このような産卵量の試算に耐え得るほど量的にも質的にも充実しているわけではないが，いくつかの仮定を定めて推定を試みる．

稚魚網で採集された仔魚量より産出卵量を推定するためには，以下の情報の集積が必要となる．1)仔魚の出現海域と分布水深，2)出現海域における平均密度，3)出現盛期（産卵盛期），4)仔魚後期・仔魚前期・卵期の生残率，5)各期の経過日数．

稚魚網の採集物には，2つの大きな問題が存在する．一つは通常用いられる目合0.5mmの網地では初期の仔魚が網目から逸出する点であり，他の一つは発育・成長の進行とともにネットからの逃避が増大する点である[39,40]．図4·10は1975年より1977年の3年間に志々伎湾周辺で採集された5,137尾のマダイ仔

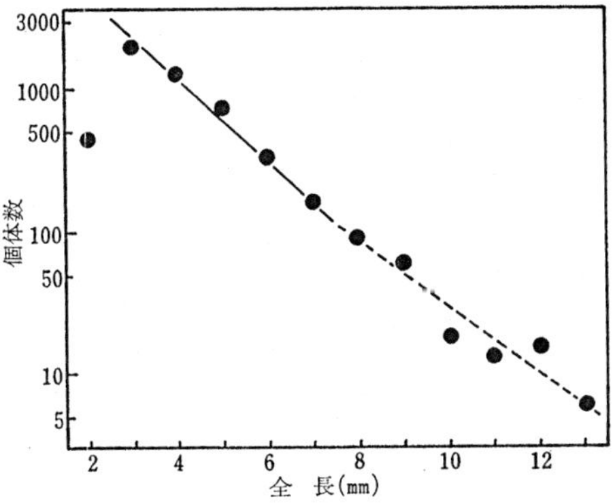

図 4·10 志々伎湾で採集された浮遊期マダイ仔魚の1mmサイズごとの全長組成

魚の1mmサイズごとの個体数を示したものである．網目からの逸出が少なく，しかもネットからの逃避の割合が小さいと考えられる3mm台と4mm台の仔魚を試算のベースにするのが妥当と判断される．3～5mmの仔魚は，全採集尾数の63%を占め，日齢ではふ化後5～15日に相当する．

九州西海域におけるマダイ仔魚は，距岸50マイルの沿岸域を中心に，水深50mより上層を中心に分布すると考えられる．九州西海域における水深50m層より表層までの稚魚網斜め曳によると，1967年～1974年の間では仔魚の全点平均密度は0.7尾/1000m^3～2.4尾/1000m^3（8年間の平均で1.5尾/1000m^3）である*．マダイ仔魚の出現盛期は，稚魚網調査結果では1か月以上にわたることが知られている．長崎県下の重要な産卵場である鰺曽根では，成熟親魚の出現状態より3月下旬～4月下旬の約1か月が産卵盛期とされ[10]，また養成親魚の産出卵調査では1～2か月にわたって産卵が持続することが明らかにされている[41,42]．これらの情報を考慮して，ここでは産卵盛期は40日と仮定する．

卵や仔魚の生残率を正確に知ることは極めて困難で，この分野の研究の究極目標の一つと考えられる．現状ではマダイ仔魚についても天然海域における生残率は明らかにされていない．後期仔魚の生残率は，図4･10に示された体長の増加に伴う採集個体数の減少を生残過程を反映したものと仮定し，1mmの成長に2.5日を経過するものと仮定すると，1日当たりの生残率は0.855となる．仔魚前期や卵期の生残率は，マサバ[43]やカリフォルニア産カタクチイワシ[44]の値を参考に0.66および0.56と仮定する．

以上の仮定より，仔魚出現海域の水量×平均仔魚密度×0.63×後期仔魚生残率$^{-5}$×前期仔魚生残率$^{-4}$×40×10^{-1}を計算すると，九州西海域全域では1シーズンに約1.09×10^{12}尾のふ化仔魚が産出されることになる．水温15°Cでは産卵からふ化までに約3日を要する[41]ので，全産卵量は$1.09\times10^{12}\times0.56^{-3}=6.21\times10^{12}$粒と試算される．

マダイ親魚が1シーズンに産む卵数は，体重1kgのもので約250万粒とされている[5]．性比を1対1とすると，6.2兆粒の産卵には約500万尾の1kg親魚が関与することになる．九州西海域におけるマダイの漁獲量は年間5,500トン前後で[30]，1kgのマダイで550万尾分に相当する．

一方，底生生活初期の生残率は不明であるが，1日当たり0.95と仮定すると，成育場に加入した着底後2か月（ふ化後約3か月）の稚魚は，九州西海域

* 庄島洋一：マダイ特別研究[8]昭和50年度現地検討会資料（1976）

全域で8.2×10^{7}尾と試算される．平均出現密度が0.7～2.4尾/1000m^3の範囲で変動すると，この段階の稚魚量は3.8×10^{7}～1.4×10^{8}尾の範囲で変動することになる．天然海域では，幸運にも仔魚期を生き残って浮遊稚魚期に達した個体のすべてが成育場への加入に成功するとは限らないので，この値は過大評価の側面を含んでいる．同時に，仔魚後期を通して生残率を0.855とした点では過小評価を導く結果となっている．また稚魚期の1日当たりの生残率が0.01変化すると加入量は半減または倍増するため，8.2×10^{7}尾は極めて変動しやすい値といえる．

近年，マダイ人工種苗の放流尾数は次第に増加してはいるが，上記の試算がある程度現実的な値とすると，その量は天然幼魚量より1桁以上低いレベルと評価される．

§5. 仔魚・稚魚・1歳魚の量的関係

図4·11に志々伎湾口部で稚魚網によって採集された浮遊期仔魚量と湾内で吾智網によって採集された着底稚魚量の経年変化を示す．浮遊期仔魚量は，最も密度の高い1983年は105個体/1000m^3，最も低密度の1975年には6.5個体/1000m^3であり，この間で16倍以上の年間変動がみられる．一方，着底稚魚量にも最大年（1977年）と最小年（1978年）で23倍の年間変動が認められた．浮遊期仔魚のデータが1978年と1979年の2年間欠落しているが，他の8年間では増減の傾向は両者でよく類似しており，マダイでは浮遊仔魚の現存量よりおよその着底稚魚の加入量の予測ができそうである．

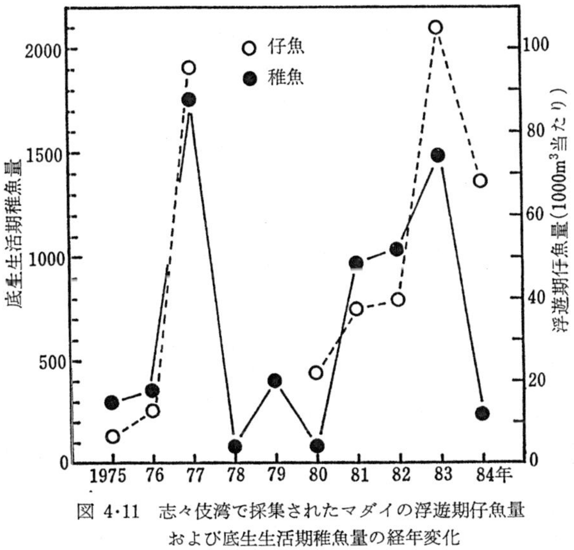

図 4·11 志々伎湾で採集されたマダイの浮遊期仔魚量および底生生活期稚魚量の経年変化

志々伎湾に来遊する稚仔魚量が年によって著しく変動することは明らかであ

り，この事実は当面の地先レベルでの資源培養を展開し得る重要な根拠を与えるものと考えられる．成育場への人工種苗の放流に際しては，このような天然資源の来遊の動向を正確に把握した上で実施する必要があろう．

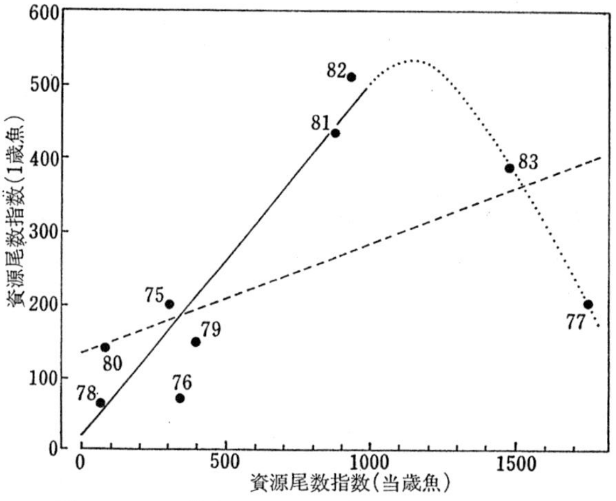

図 4·12　志々伎湾における同一年級のマダイの当歳魚と1歳魚の量的関係
各々の値は各年の採集量の最大値(西水研未発資料)

図4·12は1975年より1983年の9年間における同一年級の当歳魚と1歳魚の量的関係を示したものである．破線は9年間をすべてまとめたものであり，両者の間には弱い相関（相関係数0.55）がみられる．実線は当歳魚が極端に多かった1977年および1983年を除いた7年間の関係を示したもので，両者間には高い相関（相関係数0.93）が認められる．この直線に1983年および1977年の値を付加すると，ドーム型の曲線となる．当歳魚の来遊量が増加すると翌年1歳魚として湾内で漁獲される量は増加するが，当歳魚の来遊があるレベル（資源尾数指数[45]で1100～1200尾；湾全域の現存量で25万尾前後）以上に増加すると，逆に1歳魚として残留する量が減少することを示している．1977年は当歳魚の成長が悪く，生息域も周辺海域へ拡大し[37,38]，当湾の環境収容力の限界に近いことを想起させる現象が起こった年である．地先群レベルの資源培養にとっては，このような当歳魚と1歳魚の量的関係の解析は極めて重要と考えられる．

志々伎湾におけるマダイの研究を通じて，マダイの歴史から考えると瞬間にしか過ぎないような10年間という短時間の中にも，生活様式の多様性の一面を見ることができた．初期の3年間に得られたデータをもとにしたマダイ稚仔魚の生活様式のイメージは，その後の継続的な調査によるデータの蓄積の過程で大きく崩れ，短期的な調査結果から断定的な結論を導き出すことの危険性を痛感した．マダイの資源培養という大事業の展望を切り開くためには，マダイが歴史の中で獲得して来た“多様な生き方”をできる限り詳しく，長い期間にわたって蓄積することがとりわけ大切に思われる．

文献

1) 岸上鎌吉：鯛に就て．大日本水産会報，**273**，1〜7 (1897).
2) 北原多作：鯛の産卵及ヒ発生．動物学雑誌，**10**，317〜322 (1898).
3) 岸上鎌吉：タヒ類の発生及生長．水産学会報，**1**(3)，185〜199 (1915).
4) 九州・山口ブロック水産試験場マダイ種苗生産研究会：マダイ種苗生産技術の現状と問題点．179pp.，日本水産資源保護協会 (1977).
5) 北島 力：マダイの採卵と稚魚の量産に関する研究．長崎水試論文集，**5**，1〜92 (1978).
6) 西日本海域栽培漁業事業化推進協議会：東シナ海・有明海栽培漁業漁場資源生態調査とりまとめ報告書（昭和47・48・49年度総合版，九州西海域篇），26pp. (1975).
7) 日本海栽培漁業推進協議会：日本海栽培漁業事前調査結果．108pp. (1974).
8) 農林水産技術会議事務局：資源培養方式開発のための沿岸域における若齢期タイ類補給機構に関する研究．研究成果 **129**，301 pp. (1980).
9) 山口正男：タイ養殖の基礎と実際．414 pp.，恒星社厚生閣，東京 (1978).
10) 立石 賢・森 勇・桑岡亦好：鯵曽根におけるマダイの産卵について．水産増殖，**30**(2)，119〜125 (1982).
11) 田中 克：志々伎湾におけるマダイ仔稚魚の生態に関する研究—I．浮遊生活期仔稚魚の水平分布．西水研報，**54**，231〜258 (1980).
12) M. Tanaka: Factors affecting the inshore migration of pelagic larval and demersal juvenile red sea bream *Pagrus major* to a nursery ground. *Trans. Amer. Fish. Soc.*, **114**, 471〜477 (1985).
13) 田中 克・杉山昌穂・玉井一寿・宮地邦明：志々伎湾におけるマダイ仔稚魚の生態に関する研究－II．浮遊生活期仔稚魚の垂直分布の一例．西水研報，**59**，33〜46 (1983).
14) 野口弘三：唐津湾における浮遊生活期マダイ仔稚魚の生態および底生生活への移行，着底過程について，西水研魚類研究会報，**1**，23〜35 (1983).
15) 森 慶一郎：油谷湾における浮遊期，底生生活初期のマダイの生態．西水研報，**54**，59〜78 (1980).
16) 松浦秀喜・有薗真琴・角田信孝：養殖マダイ産出卵の移送機構に関する研究-II．卵・仔稚魚の分布特性について．西水研報，**56**，89〜109 (1981).
17) 田中 克：平戸島志々伎湾におけるマダイ幼稚仔の移入過程と海水交換について．沿岸海洋研究ノート，**17**(2)，118〜129 (1980).
18) 鈴木重喜・桑原昭彦：若狭湾西部海域におけるマダイ仔魚の鉛直分布と食性．水産海洋研究会報，**42**，10〜16 (1983).
19) 伊藤勝千代・沖山宗雄：能登近海におけるマダイ資源の補給機構—卵・稚仔調査結果．農林水産技術会議研究成果シリーズ **129**，21〜26 (1980).
20) M. Tanaka: Studies on the structure and function of the digestive system of teleost larvae. Ph. D Thesis of Kyoto University, 136pp. (1973).
21) G. Pannella: Fish otoliths: daily growth layers and periodical patterns. *Science*, **173**, 1124〜1127 (1971).
22) E. B. Brothers, C.B. Mathews and R. Lasker: Daily growth increments in otoliths from larval and adult fishes. *Fish. Bull., U.S.*, **74**, 1〜8(1976).
23) S. Tsuji and T. Aoyama: Daily

growth increments observed in otoliths of the larvae of Japanese red sea bream *Pagrus major* (TEMMINCK et SCHLEGEL) *Bull. Japan. Soc. Sci. Fish.*, **48**(11), 1159～1162 (1982).

24) 福原　修：マダイ稚仔魚の形態学的研究―Ⅰ. 鰭の形成について. 南西水研報, **9**, 1～11 (1976).

25) O. FUKUHARA: Functional morphology and behavior of early life stages of red sea bream. *Bull. Japan. Soc. Sci. Fish.*, **51**(5), 731～743 (1985).

26) 松岡正信：マダイの脊柱と尾骨の発達. 魚類学雑誌, **29**(3), 285～294 (1982).

27) M. MATSUOKA: Osteological development in the red sea bream, *Pagrus major*. *Japan. J. Ichthyol.*, **32**(1), 35～51 (1985).

28) M. MATSUOKA and T. IWAI: Development of the myotomal musculature in the red sea bream. *Bull. Japan. Soc. Sci. Fish.*, **50**(1), 29～35 (1984).

29) 木曽克裕：平戸島志々伎湾におけるマダイ当歳魚個体群の摂餌生態―Ⅰ. 成長に伴う餌料の変化とその年変動. 西水研報, **54**, 291～306 (1980).

30) 大内康敬：幼魚期の生態とその漁業. マダイの資源培養技術(田中　克・松宮義晴編), 恒星社厚生閣, 東京, 1986, pp. 75～90.

31) 上田拓史：志々伎湾の動物プランクトンに関する研究―Ⅰ. 1975年4月から8月までの動物プランクトンの組成と橈脚類の分布. 西水研報, **54**, 171～194 (1980).

32) 浜田七郎：志々伎湾の海況特性. 西水研報, **54**, 141～156 (1980).

33) M. ANRAKU: Microdistribution of marine copepods in a small inlet. *Mar. Biol.*, **30**, 79～87 (1975).

34) W.M. HAMNER and J.H. CARLETON: Copepod swarms: attributes and role in coral reef ecosystems. *Limnol. Oceanogr.*, **24**, 1～14 (1979).

35) M. OMORI and W.M. HAMNER: Patchy distribution of zooplankton: Behavior, population assessment and sampling problems. *Mar. Biol.*, **72**, 193～200 (1982).

36) H. UEDA, A. KUWAHARA, M. TANAKA and M. AZETA: Under water observations on copepod swarms in temperate and subtropical waters. *Mar. Ecol. Prog. Ser.*, **11**, 165～171 (1983).

37) 畔田正格：成育場における環境収容力の検討. マダイの資源培養技術（田中　克・松宮義晴編), 恒星社厚生閣, 東京, 1986, pp. 91～105.

38) 畔田正格・池本麗子・東　幹夫：志々伎湾における底生生活期マダイ当歳魚の分布と成長. 西水研報, **54**, 259～278 (1980).

39) P.E. SMITH and S.L. RICHARDSON: Standard techniques for pelagic egg and larva surveys. *FAO Fish. Tech. Pap.*, **17**(5), 1～100 (1977),

40) 森　慶一郎：魚類プランクトンの定量的採集方法（レビュー). 漁業資源研究会議報, **22**, 29～52 (1981).

41) 松浦秀喜・角田信孝：養殖マダイ産出卵の移送機構に関する研究―Ⅰ. 養殖マダイの産卵について. 西水研報, **55**, 65～80 (1980).

42) 福所邦彦：飼育技術の問題点. マダイの資源培養技術（田中　克・松宮義晴編), 恒星社厚生閣, 東京, 1986, pp. 9～25.

43) 渡部泰輔：マサバの発育初期における形態・生態ならびに資源変動に関する研究. 東海水研報, **62**, 1～283 (1970).

44) P.E. SMITH: Fisheries on coastal pelagic schooling fish. In "Marine Fish Larvae" (R. LASKER ed)., Univ. Washington Press, Seattle and London, 1981, pp.2～31.

45) 松宮義晴・遠藤義文・畔田正格：志々伎湾におけるマダイ当歳魚の資源量推定. 西水研報, **54**, 315～320 (1980).

5. 幼魚の生態とその漁業

大 内 康 敬*

九州北西海域におけるマダイの漁獲量は，福岡県から鹿児島県にかけて年間約5,500トンで，この海域は全国総漁獲量の約40%を占める好漁場であるとと

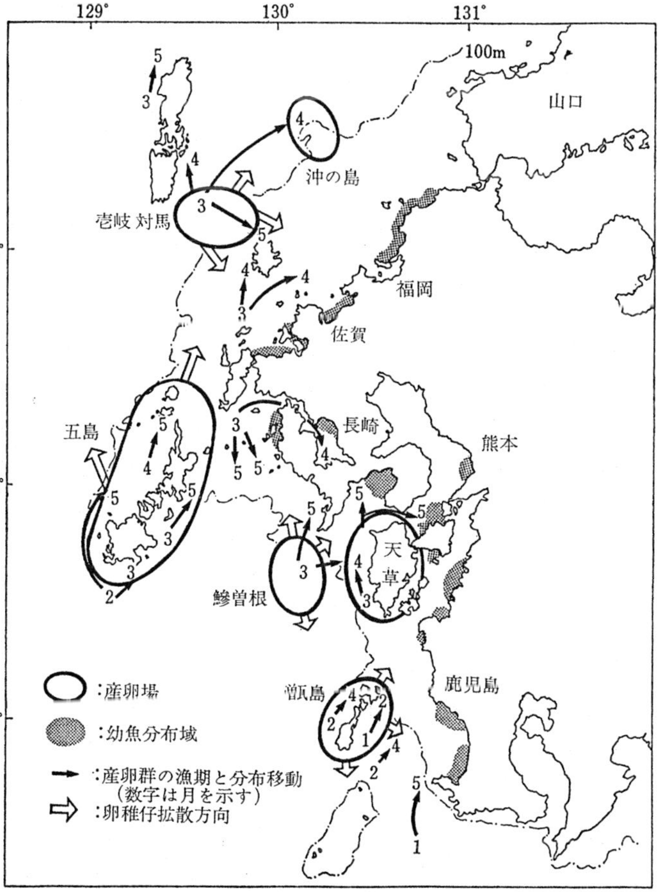

図 5·1 九州北西海域におけるマダイ産卵場と幼魚成育場[1)]

* 福岡県福岡水産試験場

もに，幼魚の成育場として注目されており，養殖用に採捕される幼魚量が多い海域でもある．

当海域の漁場としての特徴は，大部分を中～細砂域が占め，様々な規模の天然礁が散在しており，周年にわたって稚魚から成魚までのマダイ生息場となっている．また水深50～150mの天然礁域には産卵場が形成され，図5･1に示したように九州南部では2月頃に産卵群が来遊し，水温の上昇とともに北上して北部でも3～5月に産卵する[1)]．ふ化仔魚は対馬暖流によって移送され，主に水深30m以浅域で着底する．浅海域はマダイ幼魚の成育環境として適した水域が広く，毎年大量の幼魚が出現する．

ここでは九州北西海域におけるマダイ幼魚の採捕漁業の実態を明らかにし，幼魚が特に多く分布している新宮水域を中心に行った研究成果に基づいて，マダイ幼魚期の生態を述べる．

§1. 幼魚の漁獲実態

マダイ幼魚は従来，1そう吾智網，小型底曳網など浅海域で操業する漁業によって混獲され，鮮魚として雑魚なみの安価で取扱われていた．1964年に新宮水域の1そう吾智網で採捕された幼魚が，初めて活かして瀬戸内海栽培漁業協会の事業場へ移送され，さらにマダイ養殖が盛んになるにつれて，活かして大量に採捕されるようになった[2)]．1970年頃からは九州北西海域の各地で幼魚採捕が盛んに行われ，図5･1に示したように筑前海域，唐津湾，伊万里湾，有明海及び不知火海などが主要な漁場となっている．漁法としては1そう吾智網のほかに童鯛手繰網，小型定置網，一本釣などが用いられている．漁獲体長は県によって多少異なり，着底して間もない全長 2cm 程度の場合もあるが，一般的には5～6cm に成長した幼魚が多い．

マダイ幼魚採捕の開始は県によって異なるが，幼魚漁業による漁獲尾数は各県水産試験場の調査によれば，表5･1に示したように多い年には約1,900万尾，少ない年でも500万尾以上採捕されている．県別には福岡県が最も多く，総漁獲尾数の30～70%を占め，次いで佐賀県が10～25%を獲っている．

マダイの幼魚採捕は，各県で漁獲尾数，漁期，漁場，漁具・漁法，体長などに独自の漁獲規制が行われ，長崎県と熊本県は養殖業者の自家用採捕だけを許可し，鹿児島県は1982年以後幼魚採捕を全面的に禁止している．福岡県と佐賀県は養殖業者への販売用採捕も認めているが，その反面で厳しい漁業規制を実施している．幼魚を最も多く採捕している福岡県では，マダイ幼魚漁業が操業を始める前に，幼魚の生息密度や成長などを調査し，その結果に基づいて漁獲尾数を決定している[3]．

表 5·1 九州北西海域におけるマダイ幼魚漁業の漁獲尾数

（単位：万尾）

県名	採捕開始年	1975	1976	1977	1978	1979	1980	1981	1982	1983	1984
福岡	1964	216	168	560	327	1200	743	930	331	557	534
佐賀	1971	—	73	93	84	354	157	418	167	214	161
長崎	1970	24	18	61	27	32	28	66	35	43	33
熊本	1968	157	192	68	82	132	152	95	147	290	360
鹿児島	1974	271	95	15	76	150	87	81	0	0	0
計		668	546	797	596	1888	1167	1590	680	1104	1088

§2. 新宮水域の幼魚生態

新宮水域は北部九州の博多湾口東側に接し，図5·2 に示したように津屋崎〜新宮〜志賀島を結ぶ延長32km の海岸線から成り，北西に面した弧状地形である．この水域の等深線は，海岸線にほぼ平行して北東から南西に延びており，海底傾斜の緩やかな水域である．底質は極粗砂，粗砂及び中砂域が大部分を占め，細砂域は水域の一部に認められる程度で，泥質域は分布しない[4]．また，水域西部の志賀島地先と東部寄りの福間地先には小規模な天然礁が散在している．

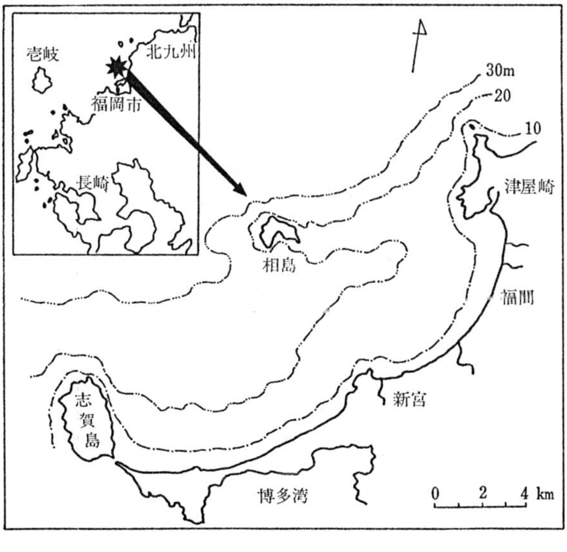

図 5·2 新宮水域の地形

この水域にはマダイ幼魚が毎年大量に出現し，35隻前後の

1そう吾智網が幼魚漁業で採捕する漁獲尾数は，筑前海全域における総漁獲尾数の30～40%を占めている[5]．

1） 定着及び移動

新宮水域に定着したマダイ幼魚は，主として7～8月にマダイ幼魚漁業で採捕される．この時期における幼魚の分布生態は，標識放流した幼魚の再捕結果と1そう吾智網で水深別に採集した幼魚量の月別変化に基づいて検討されている．

新宮水域内での幼魚の移動を調べるため，1972年7月中旬に水域西部と東部の2か所（水深12～13m）で合計4,049尾の標識魚の放流が行われた[6]．その結果，204尾の幼魚が再捕されており，放流場所と再捕位置を図5·3に示した．標識魚はいずれも放流直後に放流場所周辺で60～100尾再捕され，その後に獲られた35尾もすべて水域内で，その90%以上は水深20m以浅域であった．移動距離は7尾が放流場所から6～11km離れていたが，他の標識魚はすべて5km以内で獲られた．したがって7月以後も多くのマダイ幼魚が新宮水域内に滞留しているとみられる．

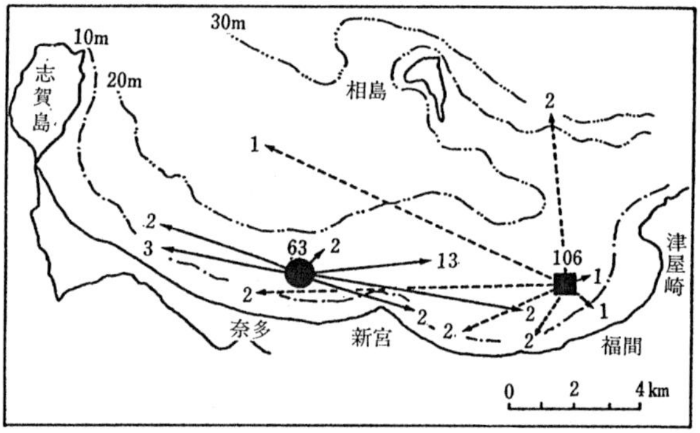

図 5·3　マダイ幼魚の標識放流[3]（数字は再捕尾数）

新宮水域に定着する幼魚について，1981年6～9月に地先水域から沖合の水深50m域にわたり水深別分布密度を1そう吾智網で調査し，その月別変化を図5·4に示した．マダイ幼魚は6～7月に水深10m以浅域に最も多く出現するが，8月には分布の中心は水深20～30m域に，9月にはさらに沖合の40m以深域に移動した．

分布中心域における幼魚量の月別変化は顕著で，6～7月に水深10m以浅域で1網当たり900～1,600尾の幼魚が出現したが，8月には最も高密度に分布する20～30m域でも約300尾に減少した．9月にはさらに減って，幼魚が最も多く出現した水深40m以深の沖合でも1網当たり200尾にすぎず，7月の分布中心域と比べて10～20%に減少した．したがってマダイ幼魚は9月頃から沖合へ移動するとみられる．

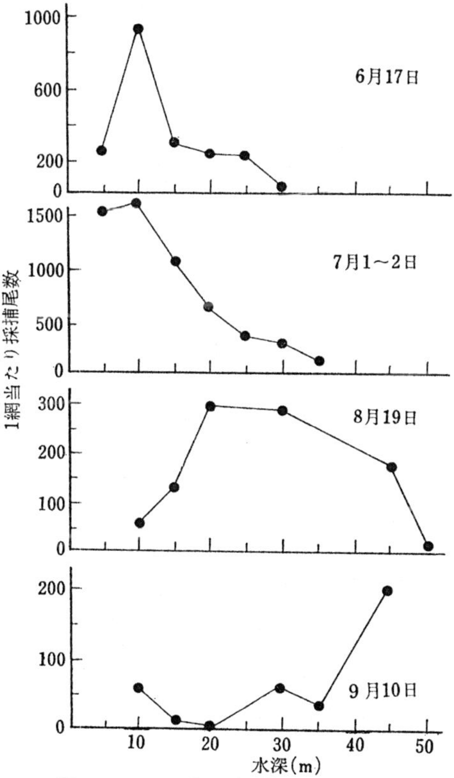

図 5·4　マダイ幼魚の水深別月別分布の変化

2）成　長

マダイ幼稚魚が新宮水域に滞留している間の成長は，1981年5～9月に小型底曳網と1そう吾智網で採捕した幼稚魚の体長組成と平均体長の推移より求めて図5·5に示した．小型底曳網で5月下旬に採集した稚魚の平均全長は20.6mm，6月上旬には36.0mmであった．その後，1そう吾智網で調査した結果，平均全長は6月中旬49.1mm，7月上旬58.2mm，8月中旬96.4mm，9月上旬には109.8mmであった．調査時別の平均全長に基づいて求めた日間成長量は0.6～0.8mm，平均0.7mmであった．

マダイ幼魚の水深別体長組成は，6月中旬まで各水深域とも類似していた．しかしその後は体長組成に差が認められ，7月上旬の水深10m以浅域の平均全長は67mmであったのに対し，20m以深の沖側で採集した幼魚は56mmで，10mm以上の差がみられた．この体長差は8月には一層顕著になり，水深10m以浅域の平均101mmに対して20m以深域は79mmで，浅所に分布する幼魚は平均20mm以上大きく，9月にも同様な傾向がみられた．このように水深10m以浅に分布する幼魚が，20m以深の沖側に分布するものより比較的大きい現象は多くの年で認められている．

1979～'81年に採集した幼稚魚（全長20～90mm）の全長と体重との関係は，$W=3.49\times10^{-6}\,TL^{3.34}$であった[5]．この関係式から時期別平均体重を求めると，新宮水域では６月上旬には体重は約0.6g（平均全長 36mm），７月上旬では約

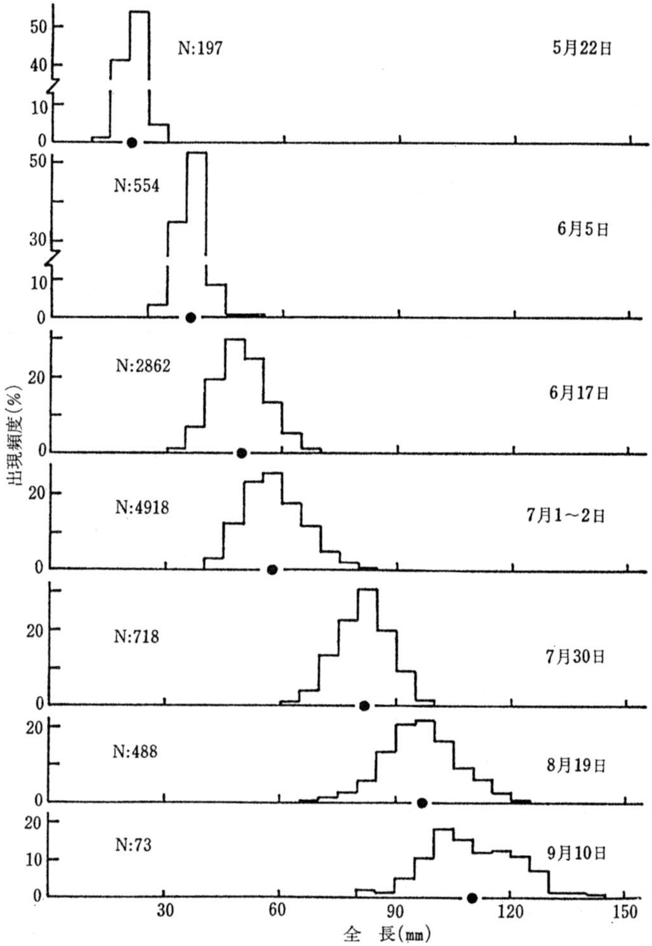

図 5·5　マダイ幼魚の体長組成及び平均体長（黒丸）

3g（約60mm），下旬では約8g（約80mm）になる．沖合へ移動を始める前の８月中旬に平均約100mm に成長した幼魚の体重は約17g となる．

3） 食　　性

新宮水域に来遊したマダイ幼稚魚が，成長して沖合へ移動するまでの間の食

性は，1979年及び1980年の5～8月に採集した1,994尾（全長22～105mm）の胃内容物より調べた[7]．測定したマダイ幼稚魚を全長10mmごとに区分し，体長別に主要胃内容物を集計して種類組成を求め，成長に伴う組成変化を図5·6

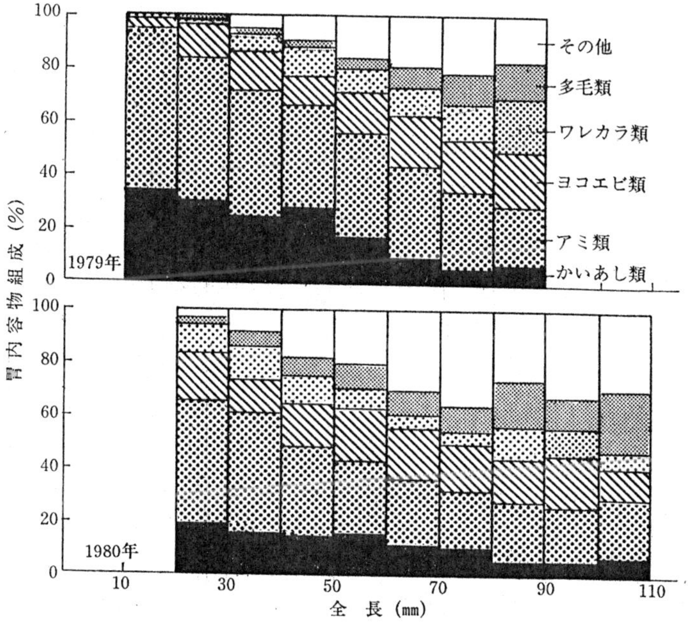

図 5·6 マダイ幼魚の体長別胃内容物組成（出現個体数頻度）

に示した．マダイ幼稚魚の主な胃内容物は，アミ類（*Proneomysis eriopedes*, *P. tenuiculus* など），かいあし類（*Acartia clausi*, *Paracalanus parvus* など），ヨコエビ類，ワレカラ類と多毛類などであり，これらによって全体の70～80%が占められていた．

マダイの成長に伴う胃内容物の年別出現割合は変化するが，基本的には成長に応じて主要胃内容物が3段階に変化する．すなわち全長40mm以下の幼稚魚はかいあし類とアミ類を主体に捕食する．全長40～70mmの幼魚ではかいあし類の出現割合が低下する反面，ヨコエビ類とワレカラ類の割合が増加する．さらに全長70mm以上に成長した幼魚では，多毛類の出現割合が高まる．これを月別にみると，マダイ幼魚の平均全長が50mm以下の5～6月では，かいあし類とアミ類の出現割合が高く，平均60～80mmに成長した7月にはアミ類とヨコエビ類がほぼ同程度に出現し，このほか多毛類の割合が比較的高くなる．マダイ幼魚の平均全長が90mm以上の9月以後は，アミ類，ヨコエビ類と多毛類がそれぞれ20～25%を占め，複雑な胃内容物組成を示すようになる．またマダイ幼魚の採集量とその胃内容物との関係は，同一調査時に1網当たりの採集尾数が少ない場所では，特定の胃内容物が多く，幼魚量が増すと共に胃内容物中の種類数も増加する傾向が認められた[5]．

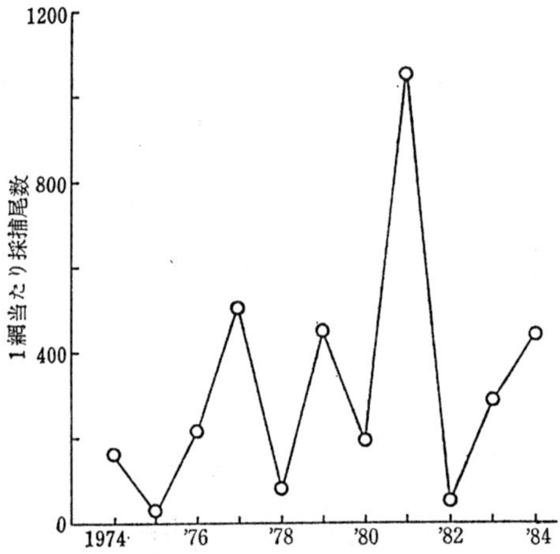

図 5·7　漁期前の1網当たり採捕尾数の経年変化

4）　生息密度

新宮水域に滞留するマダイ幼魚の生息密度は，1974～'83年の毎年6月下旬～7月上旬に，水域内の30～50カ所で1そう吾智網により採集した幼魚量に基づいて検討した．調査した10年間のマダイ幼魚量は大幅に変動したので，年別に1網当たり採集尾数を求めて図5·7に示した．幼魚量はほぼ隔年に増減し，1981年の平均1,048尾を最高に，最低は1975年の23尾で，10年間に約45倍の年変動がみられた．このように，新宮水域全域での1網当たり採集尾数は年別に大きく異なったので，水域内の場所別採集尾数を比較すると，生息密度の高かった1981年には1網当たり500尾以上入網した漁場が60%以上を占め，ほぼ全域で100尾以上のマダイ幼魚が出現した．一方，1983年では1網当たり100尾以下とそれ以上の漁場が同程度にみられ，1975年には大部分の漁場で1網当たり100尾以下，最も多く生息していた場所でも250尾以下にすぎなかった．

以上のように，幼魚量には年別・場所別に大幅な相違がみられたので，水深別生息密度（1網当たり採集尾数）を求めて図5·8に示した．マダイ幼魚は，一般的には水深10m以浅の水域に多く生息し，沖側ほど減少する傾向が認められた．しかし，新宮水域全域にわたってマダイ幼魚が大量に出現した1981年では，水深10m以浅域だけでなく，10～20m域でも1網当たり900尾以上出現した．このことは，出現量の多い年には幼魚の濃密分布域が広範囲に及ぶことを示唆している．1977年と1979年も比較的多く分布し，10～20m域でも1網当たり400尾程度出現した．しかしマダイ幼魚の密度が低かった1975年と1982年では，各水深域とも1網当たり採集尾数は50尾以下にすぎなかった．20m以深の水域は，幼魚量が特に多かった1981年を除くと，生息量は常に少なく，さらに沖合の30m以深域では毎年低密度であった．

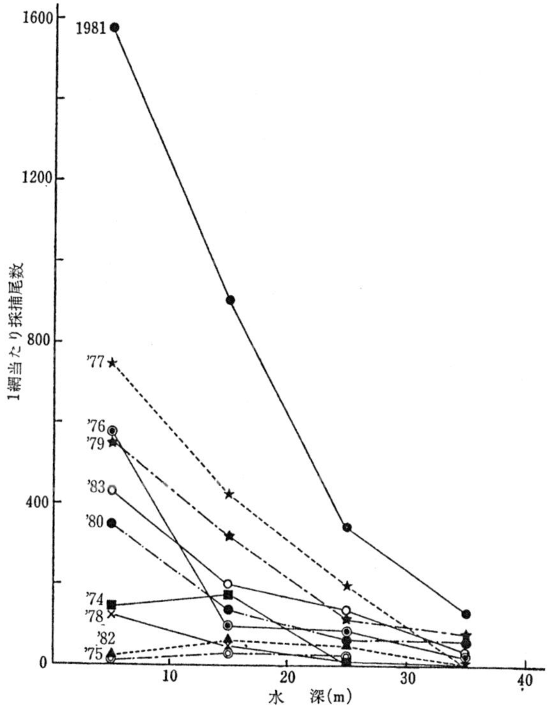

図 5·8　水深別1網当たり採捕尾数の年別比較

これまで述べたとおり，新宮水域に来遊するマダイ幼魚の生息密度は，年別にも水深別にも大幅に変動する．そこで，1974〜'83年の年別生息密度を高，中および低密度の3階級のいずれかに区分するとともに，新宮水域を2×2kmに区分した33漁区の漁区別平均生息密度を求めて，密度分布別に図

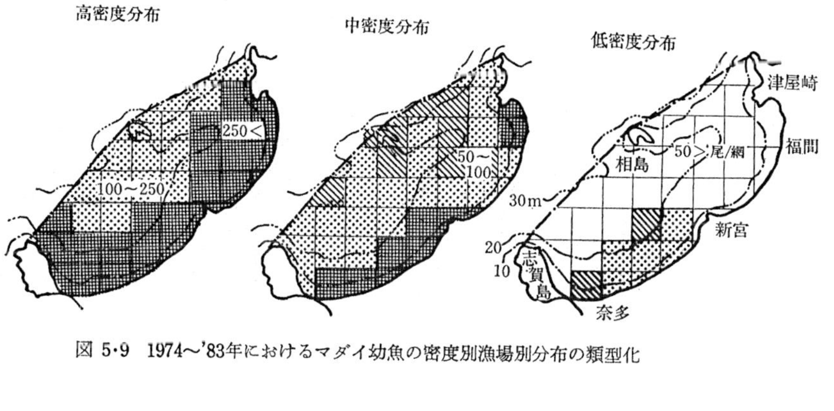

図 5·9　1974〜'83年におけるマダイ幼魚の密度別漁場別分布の類型化

5·9に示した．マダイ幼魚の主分布域は常に20m 以浅域に形成されるが，その生息密度や範囲は幼魚量によって異なる．すなわちマダイ幼魚は常に水域西部の奈多～新宮地先に最も多く分布し，高密度分布の年には濃密分布域が沖側に広がるよりも陸岸沿いに東部域へ広まる傾向が認められる．

§3. 幼魚漁獲量の変動

新宮水域では毎年大量のマダイ幼魚を漁獲しているが，その大部分を１そう吾智網が占めている．この吾智網漁業は，地元４漁協の１そう吾智網船31～38隻が漁業規制を受けながら毎年７～８月を中心に操業している．この漁業による1963～'83年のマダイ幼魚漁獲量の年変動は図5·10に示したように，多くの年では40～80万尾漁獲されているが，この20年間の最大漁獲量は180万尾（1972年，1979年），最小漁獲量は20万尾（1967年）であった．このように年別漁獲量は大幅に変わるが，その漁獲変動に明確な周期性はみられない．

1963～'83年の20年間には，マダイ幼魚に対する操業と漁業規制に変化がみられ，以下のような３期に区分できる．第Ⅰ期は1967年以前の時期で，マダイ幼魚はキスを対象とする１そう吾智網に混獲される程度で，６～９月に獲られた約21～76万尾は，雑魚として取扱われていた．しかし1964年に瀬戸内海へ移送するため，マダイ幼魚が初めて活かして採捕され，その後は次第に養殖用種苗としての需要が増加したため，１そう吾智網はマダイ幼魚を対象とする積極的な操業方法に変化した．1968～'70年（第Ⅱ期）は６～８月の一時期だけ地元漁協で漁獲の自主規制を行いながら，養殖用種苗として約47～72万尾の幼魚

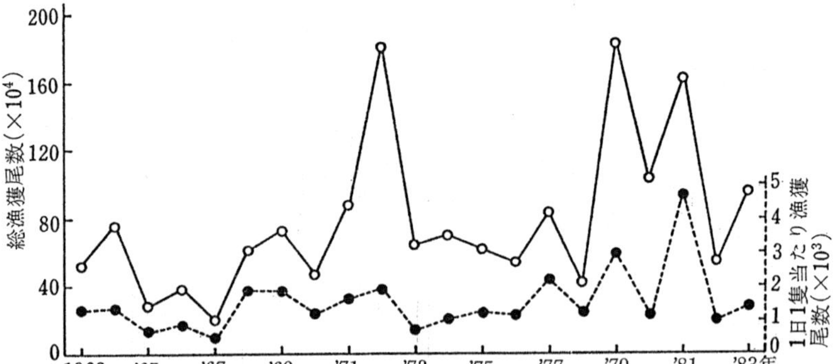

図 5·10　新宮水域における１そう吾智網によるマダイ幼魚漁獲量の経年変化
—○—：総漁獲尾数，—●—：１日１隻当たり漁獲尾数

が採捕され，他県へ販売されていた．養殖用種苗は従来のような雑魚なみの利用に比べて高値で扱われるため，1そう吾智網漁業階層にとって経済的に極めて有利なので，新宮以外の水域でも幼魚は活かして採捕されるようになり，漁獲尾数が急激に増加した．そのため1971年から（第Ⅲ期）は福岡県が筑前海全域でマダイ幼魚漁業として漁獲規制を行うことになり，現在にいたっている．

このような操業形態の変化過程に対応して，漁期中の漁獲量にも段階的な変化が認められる．1日1隻当たりの漁獲尾数は，1967年以前の第Ⅰ期には平均929尾（462～1346尾），1968～'70年の第Ⅱ期には平均1,664尾（1,210～1,904尾），1971年以降の第Ⅲ期には平均1,836尾（680～4,753尾）へと増加した．第Ⅰ期から第Ⅲ期へかけての漁獲尾数の増大は約2倍に達するが，これはこの間における養殖用種苗としての天然産マダイ幼魚への需要の高まりとマダイ採捕に適した吾智網の改良によると考えられる．

§4. 幼魚の生息密度と漁況との関係

マダイ幼魚は毎年大量に漁獲されており，その大部分はマダイ幼魚漁業で採捕されている．しかしこうした漁獲実態はマダイ資源利用上好ましいことではなく，他種漁業の漁業者からの批判も厳しい．そのため福岡県はマダイ幼魚漁業の漁期前に生息密度調査を実施して，水域別に幼魚の分布及び成育状況を把握したうえで，マダイ幼魚漁業の漁獲規制を行っている．

漁獲幼魚量は年別に大きく変動しているが，漁期前の生息密度調査が漁況予報として有効かどうかを知るため，その密度と漁期中の漁獲尾数との関係を，1979～'80年の資料で検討した．すなわち漁期前生息密度は7月上旬に1そう吾智網で行った試験操業の1網当たり漁獲尾数で示し，7月中旬～8月上旬に操業した漁期中の漁獲状況は，標本漁船の操業日誌に基づいて求めた1網当たり漁獲尾数を用い，それぞれの漁区別漁獲尾数を対比して図5･11に示した．1979年は漁期前にマダイ幼魚の生息密度が比較的高く，志賀島～奈多間と福間～津屋崎間の水深20m以浅域では，1網当たり500尾以上の濃密分布域が認められた．漁期中の漁獲量は全域にわたって多く，1網当たり100尾以上の漁区が70%を占めた．漁期前に生息密度が高かった志賀島～奈多間の地先水域では，漁期中も比較的多く漁獲され，1網当たり500尾以上であった．一方，1980年は漁期前の生息密度が前年よりも低く，水深20m以浅域でも1網当たり500尾以上の漁区はみられなかった．漁期中も漁期前と同様に1網当たり250尾以上漁獲した漁区はなく，100尾以上の漁区も20%以下にすぎず，1網当たり漁獲尾数は全域的にほぼ同程度であった．

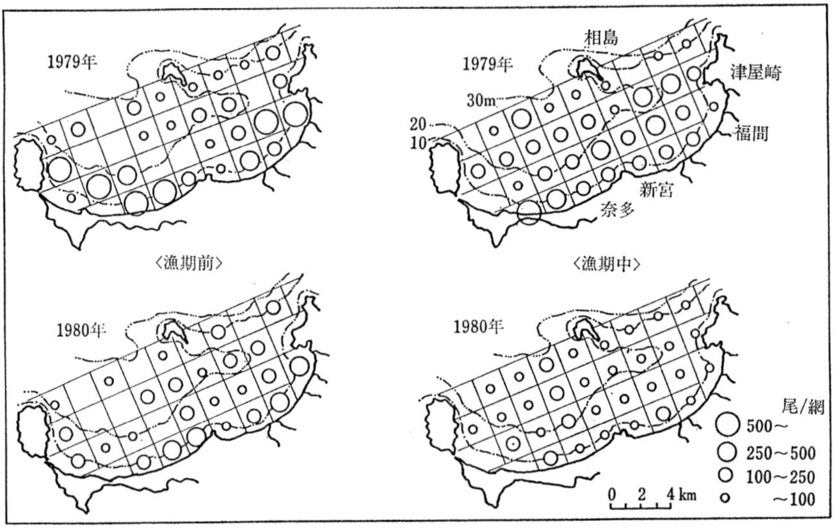

図 5・11　漁期前及び漁期中の1網当たり漁獲尾数

マダイ幼魚漁業の漁期前と漁期中の漁区別生息密度は類似した分布傾向を示したので，新宮水域全域の平均生息密度を1979年と1980年について比較すると，幼魚量の密度比が漁期前は2.3：1，漁期中は2.0：1で両者は類似した比率を示した．このことは漁期前と漁期中の生息密度が密接な関係にあり，漁期前生息密度の高い年は漁期中の1日1隻当たり漁獲尾数も多いことを示唆している．

さらに1974〜'83年におけるマダイ幼魚漁業の漁期前生息密度と漁期中の漁獲量との関係は，年別に漁期を初漁期，中期と終漁期の3期に区分して，それぞれの1日1隻当たり漁獲尾数を求め，漁期別に漁期前生息密度と対応させて図5・12に示した．初漁期の1日1隻当たり漁獲尾数は，各年の漁期前生息密度との間に高い相関がみられ，中期と終漁期も比較的高い相関が認められた．初漁期から終漁期まで全漁期を通してみても，両者の間には密接な関係がみられ，マダイ幼魚漁業の漁期前に幼魚量の多かった年は，漁期中の漁獲尾数も多いことが明確になった．

漁期中の漁獲推移に関しては，初漁期の漁獲尾数が最も多く，漁期が進むにつれて次第に減少する．しかしその減少傾向は年によって異なるので，漁期前の生息密度とマダイ幼魚漁業の豊凶との関係を明らかにするため，1974〜'83年の10年間について，年別に日別漁獲尾数を初漁日から3日間ずつに区分して集計し，1日1隻当たり漁獲尾数の推移を図5・13に示した．漁期前の生息密度が高かった年は，初漁期に3,500尾以上の漁獲があり，その後の漁獲尾数も比較的多い豊漁年であった．一方，低密度の年は初漁期でも2,000尾以下で，漁期を通して漁獲量の少ない不漁年であった．また漁期前の生息密度が平均的な年は，初漁期が2,000〜3,000尾程度で，初漁期に比較的多くの漁獲があっても，その後は漁期が進むにつれて漁獲量の減少が顕著であった．このように，マダイ幼魚漁業の漁況は漁期前の生息密度によって推定されることが明らかになった．

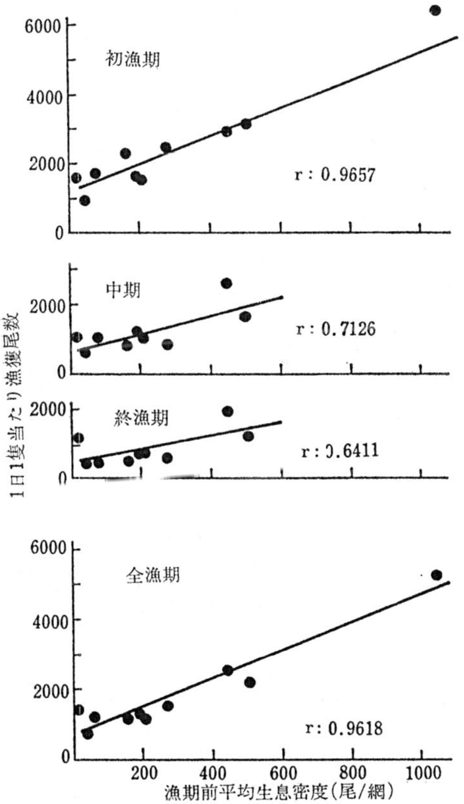

図 5・12 漁期前の平均生息密度と初・中・終漁期の1日1隻当たり漁獲尾数との関係（1974〜'83年）

§5. 幼魚漁業の管理

新宮水域に来遊したマダイは，全長約2cmの稚魚から10cm以上の幼魚までの間，この水域内に滞留し，かいあし類，アミ類，ヨコエビ類などを捕食して成長し，9月頃から沖合域へ移動する．その後30cm以上に成長するまでは，主として筑前海域内に留まっており，この間の移動分布は図5・14のように模式的に示されている[8]．このような移動生態は，新宮水域以外の筑前海域一帯にみられるもので，沖合へ移動した0歳の幼魚は，水深40m以深域で越冬し，翌春に1歳魚となって幼魚成育場よりもやや沖合部に接岸する．3歳魚まではこのような越冬～接岸の深浅移動を繰り返し，沖合へ次第に分布域を広げる．この沖合域の1歳魚以上の資源は，2そう吾智網，釣，はえなわなどで漁獲されている．

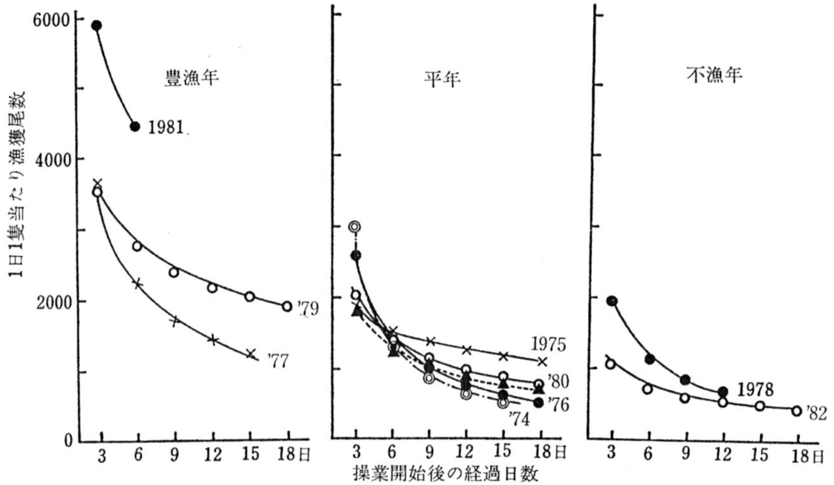

図 5·13 豊凶別1日1隻当たり漁獲尾数の経年変化

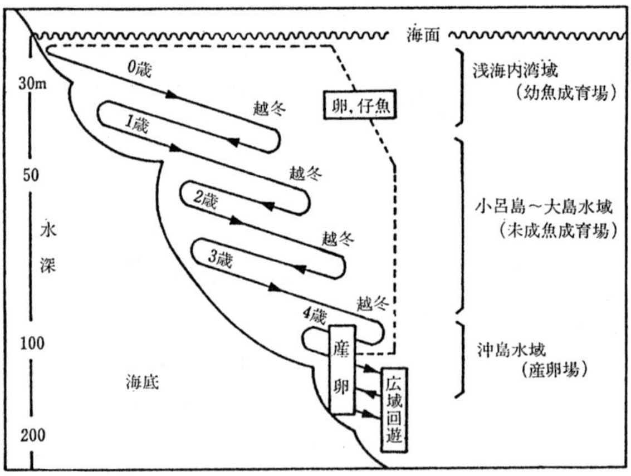

図 5·14 マダイの成長段階別生活領域[8]

筑前海域のマダイ年間漁獲尾数は，1982～'84年が約1,280万尾で，そのうち0～2歳魚が98％を占めている．重量的には0～2歳魚が75％を占め，水揚高は約70％が2歳魚以下によるもので，養殖用種苗は25％以上に達する．

このように，当海域において漁獲されるマダイの主体が2歳魚以下であることと，未成魚期は海域内を深浅移動しながら滞留していることから，幼～未成魚の合理的な利用方策を検討し，マダイの幼魚資源を管理することが重要である．

全長約6 cm以上のマダイ幼魚は，キス1そう吾智網で時期的に混獲されていたが，その当時の漁獲尾数と漁獲率などが統計的及び標識放流などによって調査されてきた．この混獲幼魚を養殖種苗用として採捕することで活用し，かつ水揚増を図ることとし，1そう吾智網のみに漁期，漁場，漁獲尾数などを制限条件とした許可操業が行われている．これらの制限条件については，毎年漁期前にマダイ幼魚の来遊尾数すなわち1そう吾智網漁場の分布密度と体長を水域別に調査して決定してきた．漁獲努力と制限漁獲尾数については，図5·15に示したように，漁獲が進むにつれて1日1隻当たり漁獲尾数は漸次減少する．制限漁獲尾数は混獲当時の漁獲尾数500万尾及び漁獲率0.75を基準とし，1日1隻当たり漁獲尾数が約1,000尾になると終漁することにしている．この結果，通例7月15日に漁獲開始となり，平均的には20日間の操業で終漁する．しかし漁期前調査時のマダイ幼魚生息密度と体長には，年によってかなりの変動が認められており，その年の制限漁獲尾数は，対前年比によって検討を加えている．また幼魚期と未成魚期の資源には高い相関が認められており，幼魚，未成魚および成魚までの一貫した資源並びにこれを対象とした各種漁業についても調査研究を行っている．

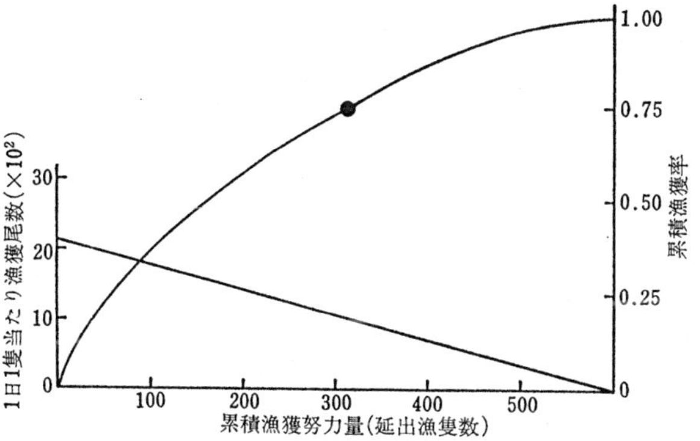

図 5·15 累積努力量と累積漁獲率及び1日1隻当たり漁獲尾数との関係

文　献

1) 福岡県福岡・佐賀県・長崎県・熊本県・鹿児島県水産試験場：東シナ海・有明海栽培漁業漁場資源生態調査とりまとめ報告書（A：九州西海域篇），1〜37 (1974).

2) 福岡県福岡水産試験場：筑前海域におけるマダイ栽培漁業の展開方式．昭和49年度東シナ海栽培漁業漁場資源生態調査報告書，1〜24 (1975).

3) 角　健造・大内康敬・高木良助：マダイ幼魚採集漁業の管理Ⅲ．昭和50年度における漁業管理の概要について．昭和50年度福岡県福岡水試研報，12〜17 (1977).

4) 田中義興・川上大和・河辺克己・本田輝雄・兵頭秀樹：博多湾とその周辺海域の底生動

物について．昭和52年度同誌，152～170 (1979).

5) 大内康敬：マダイ幼魚の生態及び漁獲変動に関する研究．福岡県福岡水試特別研報，1～29 (1985).

6) 福岡県福岡水産試験場：昭和47年度東シナ海栽培漁業漁場資源生態調査報告書，1～23 (1973).

7) 福岡県福岡水産試験場：筑前海東部地区．昭和57年度版大規模増殖場造成事業調査総合報告書（水産庁編），1～31 (1983).

8) 福岡県福岡水産試験場：筑前海域におけるマダイ栽培漁業の方向．昭和48年度東シナ海栽培漁業漁場資源生態調査報告書，1～35 (1974).

6. 成育場における環境収容力の検討

畔　田　正　格*

§1. 環境収容力

野外個体群は，種によって変動の幅はかなりあるものの，通常はむやみに増え続けたり，絶滅に瀕したりすることは少なく，その大きさはある平均レベルを中心に限られた幅の中で上下していることが知られている[1]．さらに底魚類については，親魚量と仔魚量の関係において，親魚量が少ない時は，親と仔の量は対応して増えていくが，仔の量が最大限になる時期を過ぎると親の増加にもかかわらず，逆に仔の量は減り始めることが知られている[2]．これらの事実は一定の環境のもとで生活できる生物の量には限界があり，生物はこの限界との間にバランスを保ちながら個体群密度が上昇すれば増殖率を低下させ，低密度になれば増殖率を高めるフィードバック機構を種内に持っていることを示している．

この限界＝環境収容力は気候や海洋条件，餌資源量，競合生物の密度等の時間的変動とともに変化し，一定ではないがその場所の平均的条件下で把握することは可能であり，陸上の野生動物の資源管理や放牧場での生産性向上を考える際に，この概念は実用的な観点から用いられている．水産生物の場合も，対象種をどのくらいまで増やせるのか，最も効率の良い増やす戦略はどのようなものか，種苗の放流密度はどのくらいかといったことを考える場合，この環境収容力の解明は避けて通ることのできない課題であり，アユ[3]やホタテガイ[4]などの増養殖技術開発の基盤となっている．

一方，それぞれの種は生活のための資源をめぐって，いかに子孫を多く残すかという他の種との競争によって生物群集の中で niche を確保し，独自の生活様式を形成してきている．一定面積の水域にどのくらいの量のマダイが生活できるかという環境収容力を明らかにするためには，この進化の過程で確立された niche や生活様式を把握した上で，生活に必要な資源の供給量との関係を解析する必要がある．

ここでは現在種苗放流が盛んに行われている若魚期に焦点をしぼり，11年間

* 水産庁研究部研究課

にわたってマダイ幼期の生態学的研究が続けられている長崎県平戸島志々伎湾において試みられた，(1)来遊量の年変動に伴う生活様式の変化，(2)食物要求量と餌資源量の対比，という2方向からのマダイ当歳魚の環境収容力へのアプローチを紹介する．

§2. マダイ当歳魚の生活様式

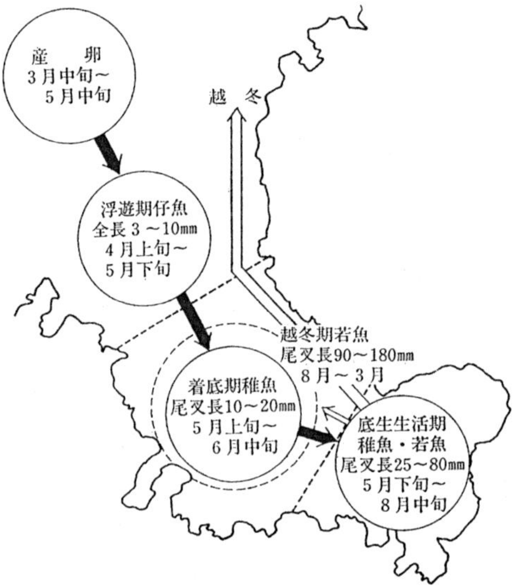

図 6·1　志々伎湾におけるマダイの当歳魚の成長と移動

湾外で産卵されたマダイ稚仔魚は，4月下旬から5月下旬にかけ志々伎湾湾口部の渦流域に集積され，発育に伴って主食を橈脚類→ヨコエビ類→アミ類へと切り換えながら，生息場所を湾口部→湾中央部→湾奥部へと移し，初秋には主群は湾外へ去る（図6·1）[5]．成育場としての志々伎湾における主生息場は湾奥部の砂底域で，マダイ当歳魚は5月下旬から8月中旬にかけヨコエビ類を主食[5]に1日当たり0.6～0.7mm（尾叉長）の割合で急速に成長する[6]．

マダイ当歳魚と主食であるヨコエビ類との関係は，マダイの湾奥砂底域への来遊時期がヨコエビ類現存量の最も多くなる時期と一致していることとマダイの主生息場がヨコエビ類の分布密度が最も高い湾奥砂底域であることによってまず大きく枠づけされている[5]．さらに，主生息場におけるマダイ当歳魚の日周期的摂餌活動は昼間摂餌型で，朝と夕刻に摂餌ピークが認められるが，この摂餌状況はヨコエビ類の底表への出現状況と密接に対応しており（図6·2）[7]，両者のより本質的な関係を示唆している．このことはヨコエビ類の種のレベルでの解析結果からさらに明確に裏付けられている[8]．すなわち，湾奥砂底域に分布する50余の種のうち，多く捕食されているのは数種で，表在性のもの（*Para-*

dexamin sp. など）や浅潜行性のもの（***Syncelidium*** sp. など）は昼間に，管棲内在性のもの（***Byblis japonicus***）は日出，日没時にというようにマダイの摂餌時間帯に海底表層に多量に出現し，マダイにとって利用しやすくなったも

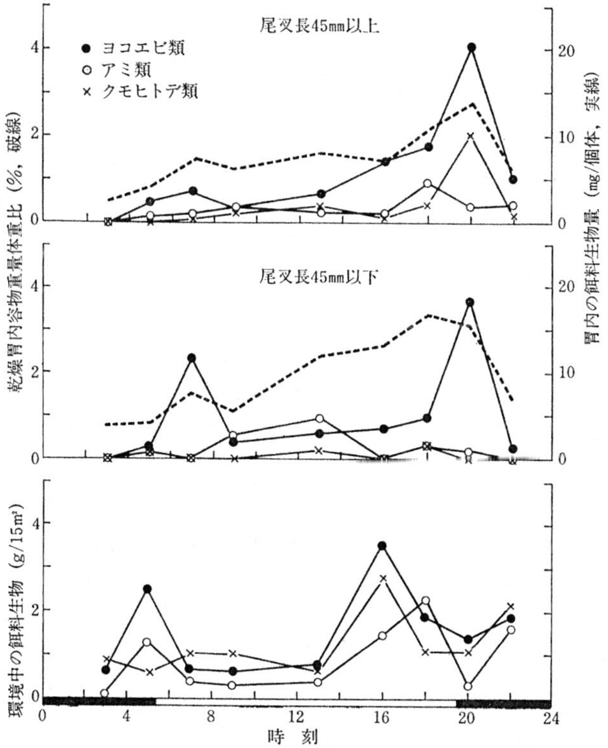

図 6·2 マダイ当歳魚の胃内容物重量体重比，摂取された餌料生物量および環境中の餌料生物出現量の日周期変化[7]

のが摂取されている．このようにマダイ当歳魚と主食であるヨコエビ類の限られた種は時間的に極めて適応的な形で強く結びついており，両者を結ぶ食物連鎖の鎖環はそれぞれの生活様式を反映した合理的な機構によって成り立っている．

5月から8月にかけて湾奥砂底域に分布する魚類の種組成には大きな年変動がみられるが，マダイ当歳魚はサビハゼ，ヒメジ，スジハゼ，チダイなどとともに常に数的優位種の一つとなっており，1977年には全採集魚類の約1/2を占めていた．共存している魚種とマダイ当歳魚との間の餌や生息場所をめぐる関

係をみると，チダイやネンブツダイとは生活周期や摂餌時間をずらすことによってヨコエビ類資源を時間的に食い分けて利用する現象がみられている[5,9]．またマダイ当歳魚は他魚種に自己の最も好む餌生物（ヨコエビ類）や微生息場所（湾奥砂底域）をゆずらせる傾向がみられ，他魚種とマダイ優位の型で食い分けたり（サビハゼ)[10]，すみ分けたり（スジハゼ，ハオコゼ)[5]していることが観察され，マダイを取り巻く生物群集が柔軟な構造を持っていることを示唆している．

このようにマダイ当歳魚は，5月下旬から8月中旬にかけて成育場としての志々伎湾湾奥部砂底域の生物群集の中で，数的にも，生態的にも優位な位置にあり，大型海草・藻類→デトライタス→ベントス→魚類へとつながる骨格的食物連鎖の中で key species の位置を占めているといえる[5]．

§3. 志々伎湾湾奥砂底域の位置づけ

稚・若魚期のマダイ当歳魚は，わが国におけるマダイの分布の中心である九州西岸域では，大村湾のような閉鎖性の強い内湾から，新宮地先等沖合に向かって開けた遠浅の海岸にいたるまで30m以浅の水域に広く分布している．しかし分布密度は一様ではなく，密度による等級分けが可能である．そして分布密度の高い1等地のマダイ当歳魚は大型個体が多い，栄養状態が良い，摂餌量が多い等の傾向がみられるとともに，1等地における種苗放流実験では滞留率が高いことが報告されている．またこのような1等地に共通する基本的な環境特性としては海水交換の活発な開放的水域の中での地形的・海洋構造的閉鎖性，10m以浅の中～細砂域，甲殻類ベントスの高密度分布などがあげられている[11]．

志々伎湾の湾奥砂底域は，海水流動の大きな湾内での相対的滞流域に位置し，水深5～10m，Mdϕ 2前後の細砂底，ヨコエビ類などの餌料生物の分布量が多いなどの環境特性を持っている[5]．またマダイ当歳魚の来遊量の年変動にもかかわらず，湾奥砂底域の分布密度は湾中央部砂底域や湾奥部のアマモ場，ガラモ場に比べて常に高く，大型個体の分布が認められるとともに，マダイ当歳魚の摂餌量や脂肪蓄積量も多く，栄養状態が良好なことを示している[12]．このような志々伎湾湾奥部の環境やそこに生息するマダイ当歳魚の示す諸特性は九州西岸域に共通するマダイ成育場の1等地の特性と符合している．湾中央部砂底域やアマモ場，ガラモ場はマダイにとっての環境条件のやや劣る2等地であり，常に分布密度の低い湾口部砂底域は3等地といえよう．

志々伎湾の湾奥砂底域では底層周辺に懸濁態有機物や細菌類の分布量が多いことが明らかにされており，アマモなどに由来するデトライタスが detritus food chain を通じて餌料ベントスの高い生産性に貢献しているものと考えられている[12].

§4. マダイ当歳魚の生活様式の変化による環境収容力の検討

志々伎湾における11年間にわたる調査期間のうちマダイ当歳魚の湾内への来遊，着底，湾奥部への集中などの生活周期に大きな変化が認められず，集中的な調査によりマダイ当歳魚の生活内容に関する情報が豊富な1975年から1977年の3年間に焦点をあて，マダイ当歳魚の密度変化に伴う生活様式の変化を検討した．1975年から1977年にかけての3年間のマダイ当歳魚の来遊量の相対比は吾智網定点調査で1：1：7，底曳網定点調査で2：1：15となり，年変動は約10倍に達した．潜水ライントランセクト調査によると1等地である湾奥砂底域の1977年7月中旬の分布密度は0.34尾/m^2で，この値と吾智網調査と組み合わせて推定された1975年，1976年，1977年の湾内全域のマダイ当歳魚の資源量はそれぞれ6万尾，6万尾，42万尾であった[13].

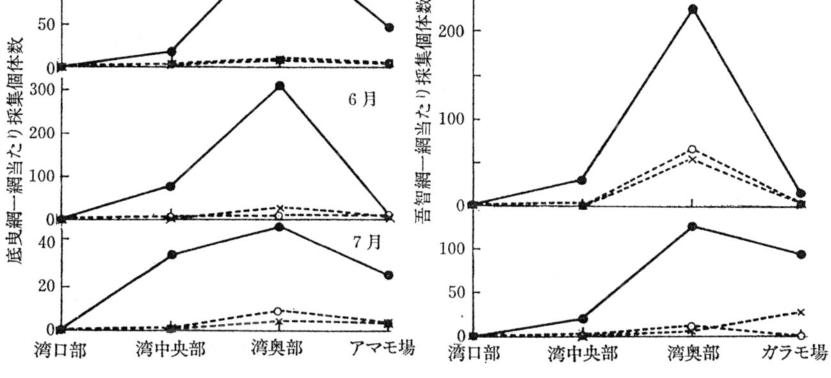

図 6·3 密度増加に伴うマダイ当歳魚の分布状態の変化[6]

このような大きな来遊量の年変動にもかかわらず，浮遊生活期稚仔魚，底生生活期稚魚，逸散期若魚といった隣り合った発育段階の間の量的な関係には密度依存的な傾向は認められず[14]，10倍程度の密度変化ではマダイ当歳魚は湾外へ移動したり死亡率を高めたりするまでにはいたらなかったことを示唆している．

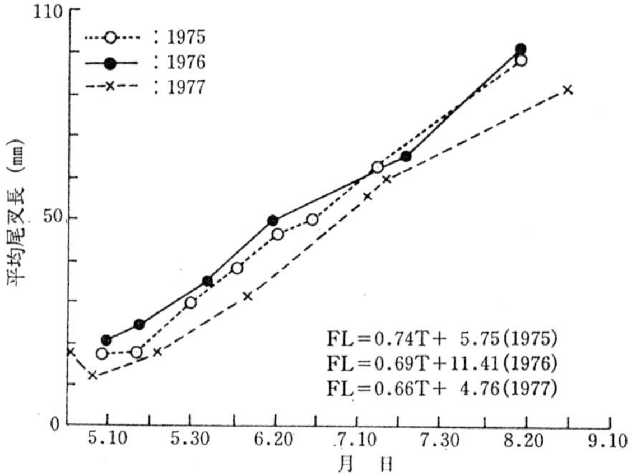

図 6·4 マダイ当歳魚の平均尾叉長（1975年～77）[6]
FL：平均尾叉長，T：５月１日からの経過日数

一方，マダイ当歳魚の分布状態をみると低密度年には主な生息場所はヨコエビなどの餌条件に恵まれた湾奥砂底域に限られているが，高密度年には２等地の湾中央部の砂底域やアマモ場，さらにはガラモ場にも生息場所を広げる傾向がみられる（図6·3）．このような生息場所の変化と対応して，密度の高かった1977年には成長が進んでも橈脚類を摂取している個体が多いなど，全般的に小型餌料への依存度が高い傾向が認められた[15]．また尾叉長や体重を比較すると，1977年の場合には他の２年に比べて６月から８月にかけての同一時期で尾叉長が10～15 mm 小さく（図6·4），体重も同一尾叉長の場合0.5g前後やせている傾向がみられた[6]．さらにこのような成長のおくれと対応して，1977年には逸散期である８月末にも湾奥部を中心にマダイ当歳魚が大量に残留する現象が認められた．

以上のようなマダイ当歳魚が示した密度上昇に伴う２等地への生活領域の拡大，小型餌料への依存度の増大，魚体の大きさや肥満度の低下，逸散期のおくれなどの現象は，マダイが他魚種に対して持っている生態的優位性や，マダイを取り巻く生物群集の柔構造をもってしてもカバーすることのできない密度の圧力を，持ち前の生活様式の幅の広さでしのぎ，湾外への移動や死亡率の上昇といった事態に立ち入るのを避けている結果の表われとみることができる．

九州西岸域のマダイ成育場の１等地に共通する環境特性を持つ志々伎湾の湾奥砂底域にとって，0.34尾/m² という密度はこの値付近を境に１等地の環境条件が2等地に低下すること[16)]を意味している．0.34尾/m² という値はマダイに対する1等地の総合的な環境収容力の限界に近かったものと考えてよいように思われる．

§5. マダイ当歳魚への食物供給量からの環境収容力の検討

マダイ当歳魚の生活を成り立たせている最も根本的なものは食物である．マダイ当歳魚の食物要求量と餌資源量の関係を解析するため，湾奥部砂底域の中心部に調査点を設け，1981年6月30日から7月4日にかけマダイとそれをとりまく魚類や餌料生物の昼夜連続採集を行うとともに，マダイの絶食実験や潜水ライントランセクト調査を行った．

湾奥砂底域での吾智網27回，小型底曳網24回の昼夜連続採集によると，マダイ当歳魚は吾智網採集で39.4%，底曳網で31.8%を占めており，サビハゼとともに圧倒的な数的優位種の位置を占めていた．先に述べたマダイの生態的優位性や共存しているサビハゼなどとの体重差を考慮すると，マダイ当歳魚と餌資源との関係をマダイ中心に考えてもあまり大きな矛盾はないものと考えられる．

マダイ当歳魚の分布密度を調べるため調査点の海底に100mのロープを張り，ロープの両側1mずつ，計200m²内のマダイの個体数を潜水して計数した（潜水ライントランセクト法[13)]）．I_δ指数や平均こみ合い度からみるとマダイ当歳魚の分布集中度はかなり変化しているが，200m²内のマダイ個体数はほぼ一致しており，平均分布密度は0.18尾/m²で1977年の最高値0.34尾/m²の約1/2，通常年の3～4倍であった（表6·1）．

表 6·1 湾奥砂底域におけるマダイ当歳魚の分布密度（潜水ライントランセクト法，1981年7月3日～4日）

日時 / 個体数 / 範囲	7月3日 17：48	7月4日 14：27	7月4日 16：17
	個体数	個体数	個体数
0–– 10m	2	5	5
10–– 20m	2	3	4
20–– 30m	4	4	2
30–– 40m	0	1	0
40–– 50m	2	6	2
50–– 60m	0	4	2
60–– 70m	1	3	4
70–– 80m	6	2	4
80–– 90m	15	11	8
90––100m	3	2	1
合計	35	41	31
密度（個体数/m²）	0.175	0.205	0.155
$I\delta$	29.33	22.22	12.88
平均こみあい度	7.54	4.88	3.74

マダイの食物要求量は，現在のところ天然環境下での摂餌量に最も近い値が得られる

と考えられている ELLIOTT・PERSSON の方法を用い[17]，酸素消費量から求める方法[18]で推定した値と比較した．ELLIOTT・PERSSON の方法によると，ある時点およびその t 時間後の胃内容物量をそれぞれ S_0，S_t，排出速度を R とすると，t 時間の間に摂取された餌の量 C_t は

$$C_t=\frac{(S_t-S_0\mathrm{e}^{-Rt})Rt}{1-\mathrm{e}^{-Rt}}$$

で求めることができる．

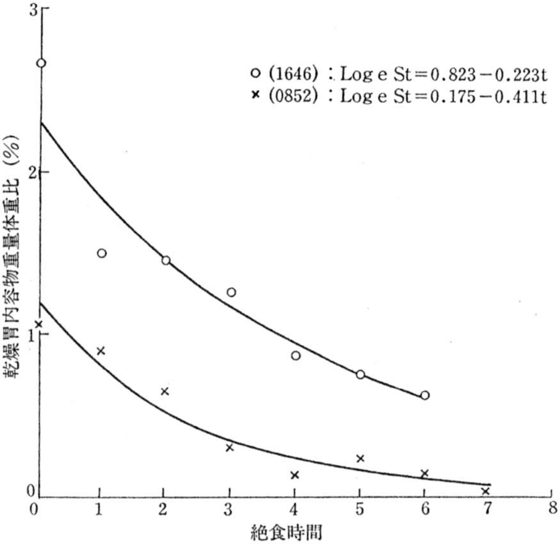

図 6·5　絶食に伴う胃内容物重量体重比の経時変化（尾叉長：50.8±0.4mm，水温 22.4±0.2°C）
t：絶食時間，St：絶食 t 時間後 の 乾燥胃内容物重量体重比（%）

湾奥砂底域で1～3時間間隔でマダイ当歳魚（平均尾叉長50.8mm）を採集し，胃内容物量の日周変化を調べるとともに，胃内容物量が1日のうちの極大値を示す朝，夕に採集された群について絶食に伴う胃内容物量の変化を調べた．朝夕採集群とも絶食後4時間までは，1時間につき20～30%の割合でほぼ直線的に減少してゆくが，その後，減少速度はゆるやかとなり，全体としては指数函数的曲線を示す（図6·5）．胃内容物量の自然対数をとり，最小自乗法によって胃内からの排出速度 R を求めると，朝方に絶食実験を開始した昼間の R の値は 0.411，夜間の値は 0.223で昼間の値は夜間の値の 1.84 倍となった（平均水温：22.4°C）．1983年に平均尾叉長 29.1mm のマダイ当歳魚を対象に水温 20.3°C で行った同様の絶食実験では昼間の R の値は 0.315，夜間の値は0.186で，昼夜の値の比は1981年の場合とほぼ同じ 1.86 倍であった．夜間には海底に静止しているマダイ当歳魚[7]の消化活動は昼間に比べ低下していることがうかがわれる．

R の値が昼間と夜間で異なっているので日出没時を基準に昼間と夜間に分

け，異なったRの値を用いて各採集時刻間の摂餌量を算出し，1時間当たりの値に換算して図6·6に示した．摂餌時間帯は日出から日没の間で，朝，夕および昼間に摂餌ピークが認められる．摂餌量と胃内容物量の日周変化を比べると，変化傾向はよく似ているが餌料が胃内から排出されるのに要する時間によ

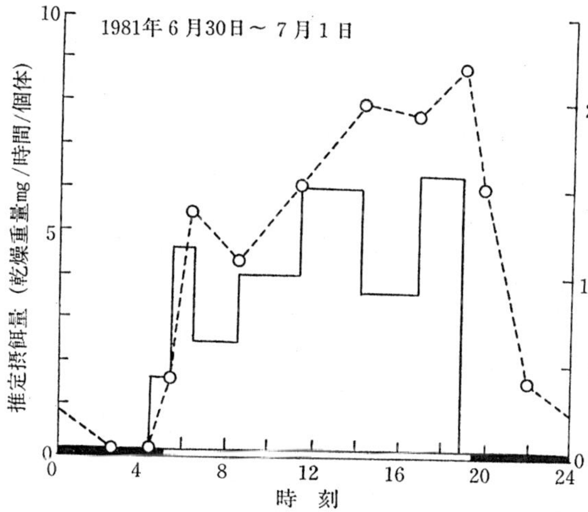

図 6·6 マダイ当歳魚の摂餌量と胃内容物重量体重比の日周変化（尾叉長：50.8±0.4mm，水温：22.4±0.2°C）

るずれを反映して，胃内容物量のピークの出現時刻が1～2時間後にずれている．採集時刻間の摂餌量を積算し，1日当たりの摂餌量を算出すると乾燥重量で61.8mgとなり，マダイの乾燥体重に対する比率は11.6％となった．

マダイの食物要求量に関して1981年および1983年に消化速度と胃内容物量から推定された値と1973年に酸素消費量から推定された値[18]を比較すると（図6·7），酸素消費量から求められた値は消化速度と胃内容物量から求められた値より5～10％高い傾向がみられるものの，2方法の中に含まれている多くの仮定やモデル化のための省略にもかかわらず両者は極めてよく一致しているといえる．一般に安静時代謝量が過大に，胃内容物の排出速度が過小になる傾向があることを考えると，天然環境下のマダイ当歳魚の食物要求量は両者の間にあるものと考えられる．

マダイの分布密度と推定摂餌量から求めた湾奥砂底域におけるマダイ当歳魚個体群の食物要求量と餌生物の資源量を対比し，図6·8に示した．餌生物の資源量はヨコエビ類については餌として利用されている種のスミスマッキンタイ

ヤー型採泥器（内在性ベンスト採集器）またはNUS型スレッジネット（表在性ベンスト採集器）による昼夜連続採集の最高値[19]を用い，生活形ごとに分けて示した．また種レベルでの詳細な検討が行われていないアミ類，多毛類については，スレッジネットによる採集量の最高値を用いた．マダイの食物要求量

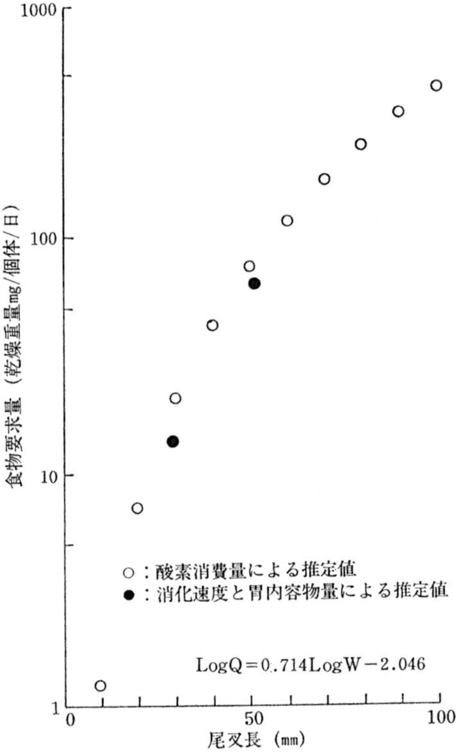

図 6·7　酸素消費量および消化速度と胃内容物量から推定されたマダイ当歳魚の食物要求量の対比
Q：酸素消費量（ml/時間/個体）
W：乾燥体重（mg）

は1981年の場合を中心に，マダイの分布密度が最も高かった1977年，通常年の水準にあった1976年と3段階の密度に対応させてプロットした．1981年の場合，餌生物の資源量はヨコエビ類だけで1895mg/m²，アミ類と多毛類を加えあわせると2630mg/m²となり，尾叉長50mm，密度0.18尾/m²のマダイ個体数の1日当たりの食物要求量は13.3mg/m²であるので，ヨコエビ類だけでマ

ダイの食物要求量の143倍，全体では198倍となる．また同時期に1977年の密度であるとするとヨコエビ類だけで76倍，全体で105倍，1976年の密度であるとするとヨコエビ類だけで512倍，全体で710倍となる．

環境収容力の限界に近かったと考えられる1977年の場合にも，餌料の供給条

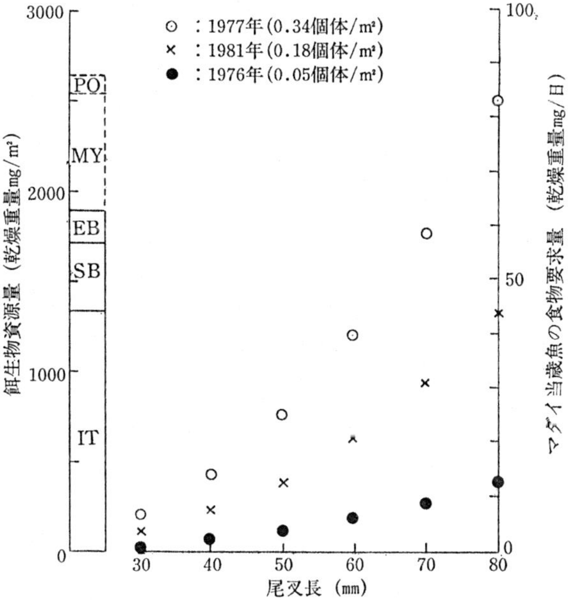

図 6·8　餌生物資源量とマダイ当歳魚の食物要求量
IT：内在性管棲ヨコエビ類，SB：浅潜行性ヨコエビ類，
EB：表在性ヨコエビ類，MY：アミ類，PO：多毛類

件が同程度とするとマダイ当歳魚はかなりゆとりを持って餌不足と対応しているようにみえる．しかし生物個体群が一定水準を保とうとする機構を種内に持っているからには，環境収容力の概念は，当然餌資源を食べつくすことのない，再生産可能な状態での一定水域に生活できるマダイの量を意味している．ヨコエビ類の life span が2～3か月とすると1977年の密度は餌生物を食べつくさないという点からすると，かなり切迫した事態にあったといえる．このことが2等地への生活領域の拡大や小型餌料の摂取量の増大につながったものと考えられる．

マダイの摂取可能な餌生物の存在様式の一つは海底表層に出現することである．このことを考慮して，表在性ベントス採集具であるスレッジネット採集量

の日周変化と餌生物資源量をかけ合わせて求めた海底表層に分布する餌生物現存量の日周変化を図6·9に示した．日出前後から日没前後にかけてのマダイにとって利用可能な餌生物現存量は，その時生息していたマダイ個体群（尾叉長50mm，0.18尾/m^2）が1日に必要とする餌の21倍（午後）から130倍（早朝）と時間帯によって大きく変動し，摂餌量もそれと対応して変化している．このような摂餌時間帯での利用可能な餌生物現存量の大きな変動（特に減少）はマダイに餌不足を気づかせる効果を持つものと考えられる．

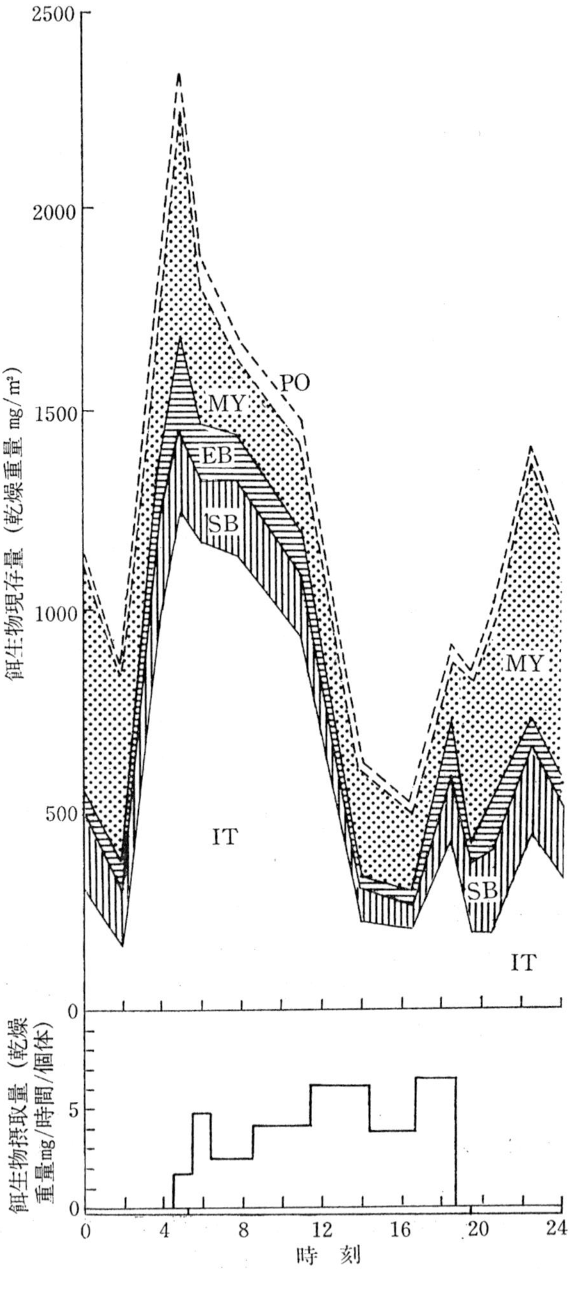

図 6·9　海底表層に分布する餌生物現存量およびマダイ当歳魚の摂取量の日周変化
餌生物の略号は図6·8参照

§6. 今後の方向と残された課題

志々伎湾の環境特性や構造，マダイ当歳魚の生活様式，マダイと餌生物をつなぐ食物連鎖の鎖環の成り立ち，他魚種との関係などマダイの生活をめぐる諸側面に関する基礎研究をもとに，その環境収容力について密度効果や餌料供給量の面から検討を行った．しかし，魚の生息可能密度を明らかにすることは対象種の生活に関する知識が最高のレベルに近づいて始めて可能なことで，生態学の終局目標といってもよいほどの難題であり[3)]，残された課題も多い．

環境収容力検討の重要な出発点とした餌生物の現存量は餌生物自身の増殖，成長，移出入，他種による捕食などが合成されて出てきた結果であり，環境収容力の本質に迫るにはヨコエビ類をはじめとする比較的限られた数の主要餌生物種の生産過程の解明と生産量の把握が必要である．また餌生物の採集に用いた器具の採集効率を検討しておくことも必要であろう．さらに，今回はマダイ当歳魚の数的，生態的優位性をもとに，マダイを中心に解析を進めてきたが，餌生物をめぐって競合関係にある種間のすみ分け，食い分けといった動的関係を定量的に把握することも今後に残された課題である．またマダイが仲間や餌生物などの密度を十分な予見を持って把握し，餌資源を過剰に開発しない

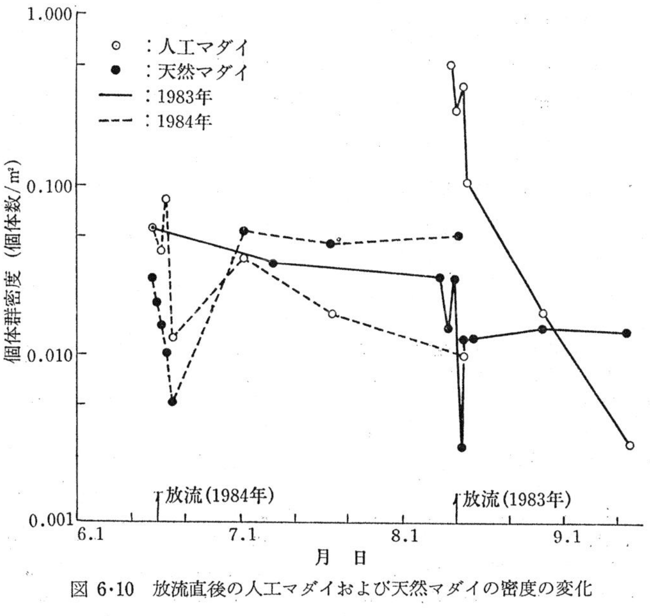

図 6·10　放流直後の人工マダイおよび天然マダイの密度の変化

ように自己調節している種としての生き残り戦略をさぐり出すことは，環境収容力を総合的に解明する上で不可欠と考えられる．

一方，種苗放流実験によって環境収容力を検証することも有効な方向と考えられる．1983年と1984年に，それぞれ50,800尾（平均尾叉長40.0mm），40,200尾（平均尾叉長55.4mm）の人工種苗を湾奥砂底域中央部の1点に放流し，放流点における密度変化を潜水ライントランセクト法[13]によって調べた（図6・10）．両年とも天然マダイの密度は人工種苗の放流直後にいったん急激に減少するが，その後再びもとの水準に回復する傾向がみられる．しかし人工種苗の場合は放流直後からの密度の低下傾向は調査期間中継続し，特に天然マダイ（尾叉長70～80mm）との魚体の大きさの差が大きかった1983年の場合は顕著であった．放流実験によって環境収容力を検討するためには，人工種苗と天然マダイの生理・生態的相違，人工種苗の天然環境への馴化期間，人工種苗と天然マダイの社会的関係などの前提条件を明らかにしておく必要があろう．

ここではマダイの資源変動を引き起こすきっかけとなる発育初期の段階に焦点をしぼり，成育場におけるマダイ当歳魚の環境収容力に検討を加えてきた．11年間の調査期間を通じて，志々伎湾という成育場が密度独立的な補給によってマダイでいっぱいに満たされることは少ないこと，マダイは生態的優位者の位置にあり，その生活様式の幅が広いことなどを考えると，当面はマダイ放流種苗を受け入れるゆとりは自然の海に備わっているとみるべきであろう．しかしこのような成育場のゆとりが発育が進んだ段階でも保障されているとは限らない．マダイの種内に備わっている密度と対応したフィードバック機構を考えた場合，マダイ資源の培養を考えるためには全生活史を通じての環境収容力を検討しておくことが必要と考えられる．

文　献

1）巌　俊一：陸上動物の大発生．生物の異常発生（北沢右三他編），共立出版，東京，1972，pp. 1～83.

2）最首光三：魚類生産の資源学―主として東シナ海，黄海の底魚類を例に―．ミチューリン生物学研究，**7**(2)，7～28（1971).

3）宮地伝三郎：アユの話．岩波書店，東京，1962，pp. 226.

4）富士　昭：増養殖における環境収容力．ホタテガイの増養殖と利用（日本水産学会編），恒星社厚生閣，東京，1980，pp. 26～39.

5）畔田正格：日本近海生産力の有効利用と研究展望―浅海・内湾域のマダイ幼稚魚成育場における生態学的研究から．漁業資源研究会議報，**23**，26～34（1982).

6）畔田正格・池本麗子・東　幹夫：志々伎湾における底生生活期マダイ当歳魚の分布と成長．西水研報，**54**，259～278（1980).

7）畔田正格・池本麗子・東　幹夫：志々伎湾

における マダイ当歳魚の日周期活動．西水研報，**54**，279〜289（1980）．

8) 首藤宏幸・池本麗子・畔田正格・東　幹夫：志々伎湾におけるマダイ幼稚魚の生態学的研究—XXIV．マダイ当歳魚の摂餌活動と餌料ベントスの利用度．昭和58年度日本水産学会秋季大会講演要旨集，pp. 75（1983）．

9) 畔田正格・池本麗子・首藤宏幸・東　幹夫：志々伎湾におけるネンブツダイの摂餌生態—マダイ当歳魚との関係を中心として．西水研報，**59**，85〜99（1983）．

10) 東　幹夫・畔田正格・三丸和明：志々伎湾におけるマダイ若魚と共存魚種との食物をめぐる種間関係．西水研報，**59**，101〜118（1983）．

11) 畔田正格・首藤宏幸・本城康至：マダイ幼稚魚の生息場の評価に関する考察．昭和56年度西海区ブロック浅海開発会議第1回魚類分科会議事録，13〜17（1982）．

12) 首藤宏幸・池本麗子・畔田正格：志々伎湾における若魚期マダイの生息場所の評価．西水研報，**59**，71〜84（1983）．

13) 松宮義晴・遠藤義文・畔田正格：志々伎湾におけるマダイ当歳魚の資源量推定．西水研報，**54**，315〜320（1980）．

14) 畔田正格・東　幹夫：志々伎湾におけるマダイ資源の補給機構—総合考察．資源培養方式開発のための沿岸域における若齢期タイ類補給機構に関する研究，農林水産技術会議事務局特別研究成果シリーズ**129**，138〜140（1980）．

15) 木曽克裕：平戸島志々伎湾におけるマダイ当歳魚個体群の摂餌生態—Ⅰ．成長に伴う餌料の変化とその年変動．西水研報，**54**，291〜306（1980）．

16) 森下正明：ヒメアメンボの棲息密度と移動—動物集団についての観察と考察．京大生理生態学研究業績，**65**，1〜149（1950）．

17) J. M. Elliott and L. Persson: The estimation of daily rates of food consumption for fish. *J. Anim. Ecol.*, **47**, 977〜911 (1978).

18) 安楽正照・畔田正格：天然および養成マダイ幼稚魚の体成分の差異．西水研報，**43**，117〜131（1973）．

19) 東　幹夫：志々伎湾におけるマダイ幼稚魚期の生態学的研究—XXIII．餌料ベントスの日周期活動．昭和58年度日本水産学会秋季大会講演要旨集，pp. 74（1983）．

Ⅲ. 放流の事例と評価

7. 鹿児島湾における放流の成果と問題点

椎 原 久 幸*

鹿児島湾におけるマダイ資源培養の試みは1974年からの国の補助事業に始まる．以来，6年間基礎調査を段階的に進めた結果，天然マダイの生態特性や漁場特性，さらには放流マダイの生態など多くの知見を得た．また閉鎖性の強い湾奥部の特定水域をモデル漁場とした放流効果の調査結果から，本湾におけるマダイ資源培養に明るい見通しを得た．

1980年からは，県栽培漁業センターの建設によって種苗の量産体制が確立されたことから，対象海域を湾全域に広げた実証化の段階に発展的に引継がれた．この放流には事業の推進母体が組織され，漁場管理も施されている．また，閉鎖的な大型の内湾を対象にした実例だけに，今後のマダイ資源培養を展望するうえでの先駆的なモデルケースとして注目されている．アンカータグの大量標識放流をもとに，魚市場や標本船の漁獲回収の実態が把握され，放流効果が見積られた．以下，その概要について述べる．

§1. 放流海域と資源生態

1·1 放流海域と漁業実態

鹿児島湾は錦江湾とも呼ばれ，昔からタイ釣りの名所として親しまれている．本湾は図7·1に示すように，東西20km・南北80kmに及ぶ細長い形状を呈し，桜島水道を境に，北側の湾奥部が243km^2，南側の湾中央部と湾口部が886km^2という大型の閉鎖的な内湾である．湾口部は平均水深80mで外海に接し，湾央部までは外洋水の影響が大きい．湾央部の東西両岸には20m以浅の浅海部が発達し，水深20～100m間の緩やかな斜面と100～200m間の急斜面があって，最深部は237mに及ぶ．一方，湾奥部では20m以浅の浅海部は少なく，殆ど全域が急傾斜の斜面で100m以深に及ぶすり鉢状の独特な形状を呈する．

* 鹿児島県水産試験場

年間の水温は，表層で15～28°C，50m層で16～22°Cの範囲で変化するが，夏期には湾奥部で高くて湾口部で低く，冬期にはその逆の傾向を示す．

鹿児島湾の重要な漁業は，釣り，刺網，小型底曳網，旋網，はえなわ，小型

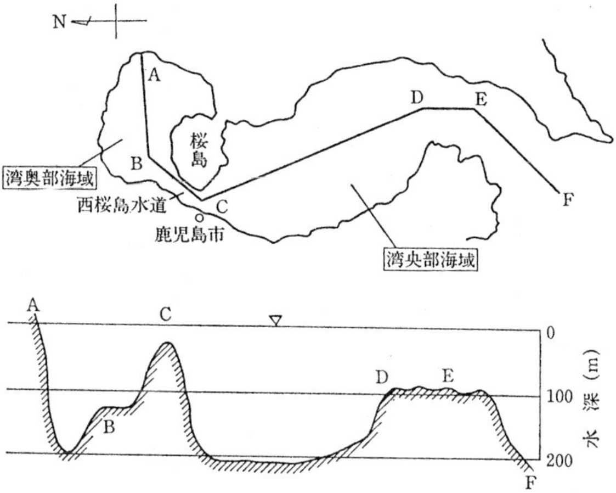

図 7·1 鹿児島湾海底地形断面図

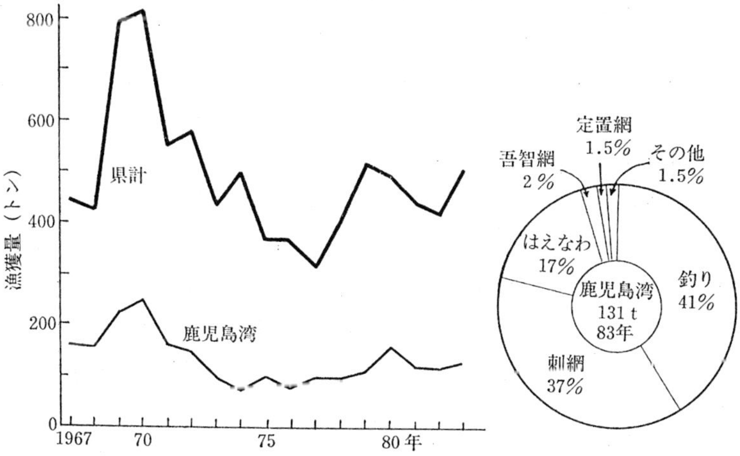

図 7·2 マダイ漁獲量の年度動と鹿児島湾の漁業種別漁獲割合（農林統計）

定置網などであり，農林統計による総漁獲量は年間およそ7,200トンである[1)]．このうち，マダイは図7·2のように，釣り41%，刺網37%，はえなわ17%などで漁獲され，定置網や曳網などの漁獲が少ない．漁獲量の年変動は1970年の260トンをピークに76年の72トンまでは減少，1977年以降83年の131トンまで

増加傾向となっている．これは県全体の変動パターンとほぼ類似するが，ここ10年間の年平均漁獲量は県全体が431トン，湾内が107トンである．湾内の漁獲物組成は300～400gの2歳魚をモードに，100gから10kgにいたるまで幅広いが，幼魚の漁獲が極めて少なく，高齢魚が多いのが特徴である．

1·2　幼魚生息場と産卵場

湾内における主な幼魚生息域は，湾央部の東西両岸の浅海域と湾奥部の局所に限定される．このうち生息密度の高い水域はいずれも切れ藻の集積場によく対応しており本湾では切れ藻の集積場が幼魚生息場の目安とされる．しかしその生息量は幼魚の多い本県西薩沿岸域に比べるとかなり低い水準にある．

鹿児島県近海における天然マダイの産卵は3月を中心に2月上旬に始まる[2)]といわれている．湾内についてもタイ型卵の出現分布時期や生殖腺指数の季節変化，さらに湾口部の瀬礁に集群する“入りだい”の時期などから，3～4月が盛期になるものと推察される．海流ハガキの流入経路の調査結果からも，湾央部の東西両岸に分布する幼魚と湾口部の瀬礁を中心とした産卵場との係り合いが深いとみられ，ここが湾内マダイの補給源の一つと考えられている[3)]．

一方，湾内には年間を通して成魚が生息するので，湾内での産卵もある．特に湾奥部に分布する幼魚は湾口の産卵場から補給される群とは別の，地付き群に由来するものとみられる．湾内マダイ資源の補給にはこの2つの群が考えられるが，近年ではこのほかに放流による人工添加群が加わることによって，マダイ資源が構成されることになる．

1·3　年齢と成長

鹿児島湾産マダイの年齢査定結果から求められた BERTALANFFY の式による年齢（t）と尾叉長（L cm）との関係式は，

$$Lt=93.6\{1-e^{-0.137(t+0.277)}\}$$

で示され，さらに尾叉長（L cm）と体重（W kg）の関係は，

$$W=5.151L^{2.732}\cdot10^{-5}$$

である．これによって計算される本湾産マダイの年齢と尾叉長・体重の関係は表7·1となる．

表 7·1　鹿児島湾マダイの年齢と尾叉長・体重

年齢	尾叉長	体重
1	15.0 cm	0.08 kg
2	25.1	0.34
3	33.8	0.77
4	41.4	1.34
5	48.0	2.01
6	53.8	2.75
7	58.8	3.51
8	63.2	4.28

WALFORD の定差図から求められる直線式は，

$$L_{t+1}=0.872Lt+11.98$$

で示され（cm 単位で計算），これから求められる極限尾叉長（L∞）は 93.6 cm，初期成長量（β）を示す定数項は 11.98cm である．これらの値を既往資料[4,5]と並べて表 7·2 に示すと，鹿児島湾産の初期成長量は最大であること，極限尾叉長も紀伊水道に次いで高いことなど，暖海系の特性がうかがわれる．

表 7·2 WALTORD の定差方程式による各地域マダイの成長率（α），初期成長量（β），極限体長（L∞）

地域	報告書	α	β (mm)	L∞ (mm)
伊豆	海老名 (1936)	0.891	90	825
広島	王 (1937)	0.890	73	662
燧灘	海老名 (1940)	0.892	84	778
佐賀関	〃 (1940)	0.891	56	514
紀伊水道	川瀬 (1953)	0.887	110	973
若狭湾	赤崎 (1960)	0.893	76	710
北九州	三尾 (1962)	0.873	103	803
燧灘	矢野 (1973)	0.890	75	679
東シナ海・黄海	岡田 (1974)	0.915	63	740
広島中部	国行 (1975)	0.830	82	485
鹿児島湾	椎原 (1978)	0.872	120	936

§2. 放流の実施概要

2·1 放流実績と事業推進

放流試験を開始した1974年から84年までの11年間の放流・標識放流の状況を表 7·3 に示す．表の尾数は数年間の合計と年平均である．年平均放流尾数の推

表 7·3 放流・標識放流の概要

年	放流尾数 (尾)	標識放流尾数 (尾)	装着率 (%)	魚体の大きさ (mm)	湾域
1974～76	69,600 (23,000)	31,600 (10,500)	45.4	95～116	湾奥・中央・湾口
77～79	553,900 (185,000)	257,500 (85,800)	46.5	70～112	湾奥
80～84	4,436,300 (890,000)	1,225,300 (240,000)	25.4	64～115	湾内18か所に 分散放流
計	5,059,800	1,514,400	(29.9)		

（ ）は年平均放流尾数

移をみると，当初の2.3万尾（標識装着約1万尾）から80年以降の89万尾（24万尾）に飛躍的に増大した．総放流尾数の87%は80年以降の5か年の放流実績である．放流サイズは漁場の特性や標識装着を考慮して60mm以上とし，標識はアンカータグを使用している．

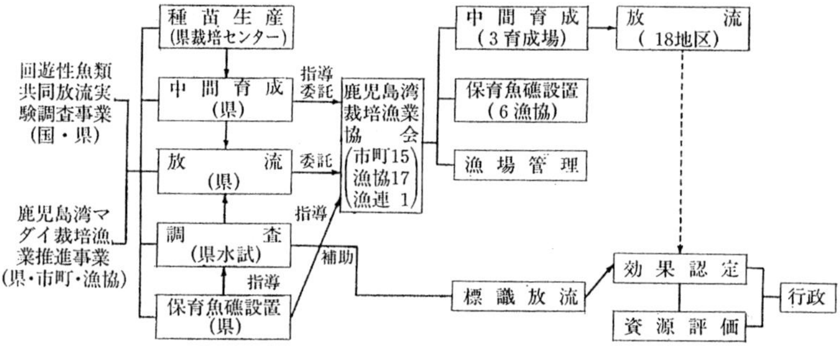

図 7·3　事業の実施体系

事業の実施体系を図7·3に示す．予算的には国の補助事業を柱に，そのほかに県単独予算と，一部は市町，漁協による受益者負担を合せて構成される．事業主体は鹿児島県であるが，1980年に発足した15市町，17漁協と県漁連で組織される「鹿児島湾栽培漁業協会」を母体として，県が同協会に種苗の中間育成や放流および保育魚礁設置と漁場管理などを委託して進められている．

2·2　中間育成と放流後の資源管理

現在，県栽培漁業センターから供給される種苗は全長25～30mm，毎年150～170万尾である．これらは湾内3か所の中間育成場の海上小割網生簀（7m角1面当たり15万尾を基準に収容）に移され，約50日間で平均全長70mmまで育成する．中間育成における平均歩留りは59.2%（80～83年）で，育った70～100万尾が18か所の放流地点に分散放流される．

放流後は，本湾では以下の漁場管理がなされる．(1)1981年以降の漁業調整委員会の指示によって全長13cm以下が，現在では関係漁協間の自主規制で15cm以下の魚体が漁獲禁止されている．(2)各漁協では放流地点を中心に，1km^{2}の保護区域を設定し，放流から3か月（地区によっては1年）間すべての漁業を禁止している．雑魚ひき肉などの給餌をするところもあるなど，放流後の保護育成に努めている．(3)1980～82年には18か所の放流地点のすべてに保育魚礁を設置し，放流後の環境馴化の手助けをしている．保育魚礁には3.25m角の

FP魚礁6基と，1.5m角魚礁15基を用いている．特定地区ではこれに円筒魚礁（コンクリート製ϕ50cm×80cm）350個や柴などを加えて保育魚礁の有効性を高める努力をしている．

2·3 放流技術

1）放流サイズ　平均全長60mm以上を基準とし，現在，64～115mmの大型の種苗を放流している．これまで60mm未満の小型の種苗は放流していない．

一般に浅海域が発達した天然幼魚の生息場で放流する場合は小型サイズが用いられているが，本湾のように急深で幼魚生息場の狭い漁場では，小型サイズの種苗では適応性が低いものとみられる．アンカータグ標識装着の可能サイズは60mm以上にあり[6]，また長期的な識別標識はアンカータグが最良と判断していることから，今のところ放流サイズの下限は60mmとしている．

一方，大型サイズの種苗は育成経費がかかり，放流漁場への輸送や取扱いにも難点がある．放流適性サイズを40mmとする知見[7]もみられるので，現在の種苗サイズでの放流効果が確認できれば，早急に経済性の高い小型サイズへの移行を検討することになろう．

2）標識放流規模　現在の標識放流尾数は毎年25～26万尾（装着率23～37%）であるが，アンカータグ標識によるこのような大量放流は全国的にも例をみない．大量標識放流の一つの意義は，長期的な標識魚の回収精度を高めることにある．本湾での漁獲物組成はかなりの高齢魚まで及んでおり，当初の標識放流尾数をより多くする必要がある．

いま一つは，漁業者や遊漁者の放流事業への意識を高めることにある．本湾の放流は県民による受益が多いだけに，大量放流やその後の調査が理解しやすい条件にある．漁業者や遊漁者が放流効果を実感として受けとめるためにも，当面は大量の標識放流が必要であろう．

3）放流の手法　現在は数万尾ずつの分散放流を行っている．湾奥の狭い浅海水域に24万尾を集中放流した1979年群と，湾内18か所に4万尾ずつを分散放流した80年群を比べると，放流1年後には後者の方がかなり速い成長を示した[8]．湾奥の当水域には前年にも20万尾を集中放流しており，狭い水域に大量放流を重ねれば，その後の成長に悪影響を及ぼす可能性も考えられる．

4）標識の脱落経過　アンカータグ15mmの80年群（平均全長64～84mm）と，アンカータグ7mmの82年群（69～79mm）の両群について，魚市場での再捕調査結果から脱落率*を求め，その経過を図7·4に示した．脱落は放流の年内は20%以内であったが，その後15mmアンカータグ群では翌年の春には60〜70%，2年目の冬には90%に達した．7mm群でも翌年の春に40%，2年目の冬に80%に達し，いずれも冬期を境に脱落が増加している．標識の脱落は15mm標識の方が顕著であり，魚体への負担は7mm標識よりも大きいといえよう．現在では主として7mm標識を使用している．

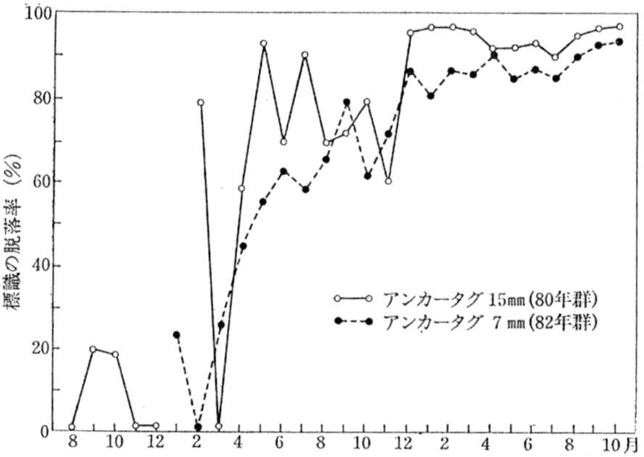

図 7·4　アンカータグ標識の脱落経過

本県の脱落率は他県と比べて高いが，これは20万尾以上の大量標識作業中の粗雑な取扱い方に起因している可能性が大きい．しかし，標識が脱落しても痕跡が残るので標識放流魚が容易にかつ正確に判別でき，効果算定調査にとっては大きな支障にはなっていない．

§3.　放流魚の生態と放流効果

3·1　移　動

放流後の移動は放流密度によって異なる[8]．湾全域に放流した1980年群について図7·5でみると，200日後の3月頃から移動がうかがえるが，全般的には狭い範囲に留るものが多い．放流450日後でも全体の77%が放流地点から10kmの範囲で再捕されている．一般に他県でも移動範囲は狭いとする例が多いが，特に放流数の少ない場合に著しい．本湾のように急深な漁場では海岸線に沿っての移動分散傾向が強い．

標識魚の再捕水深は放流初期の5〜20mから夏期には20〜30m，冬期には50〜60mへ移り，時期的な浅深移動の周期性がみられる[3]．すなわち，天然マ

* 脱落率$=\dfrac{\text{標識痕跡尾数}}{\text{標識装着尾数}+\text{標識痕跡尾数}}$

ダイの成長過程で知られるような，春と秋とを移動期とする季節的な移動生態が放流マダイでもうかがえる．

1975年3月と12月に標識放流した成魚（養殖3～4歳魚，平均体重0.7～1.1

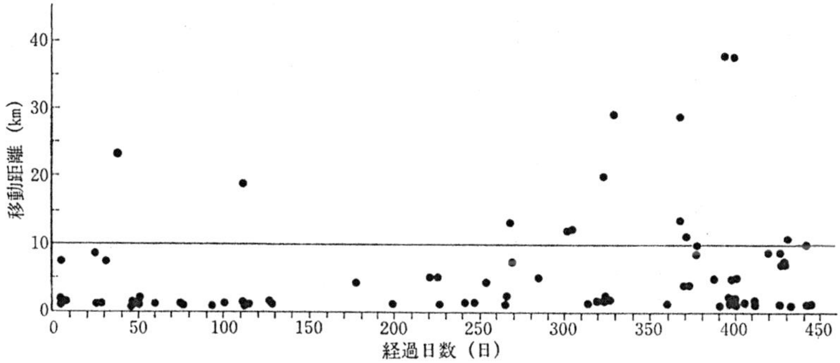

図 7·5 標識放流後の経過日数と移動距離（1980年群）

kg，放流尾数176尾）の移動をみると，幼魚に比べて移動が大きく再捕水深も深い．しかし，放流後4年以降の再捕はいずれも放流地点の周辺であり，特に湾奥でその傾向が著しい．一般に成魚では産卵・索餌の比較的大きな回遊移動

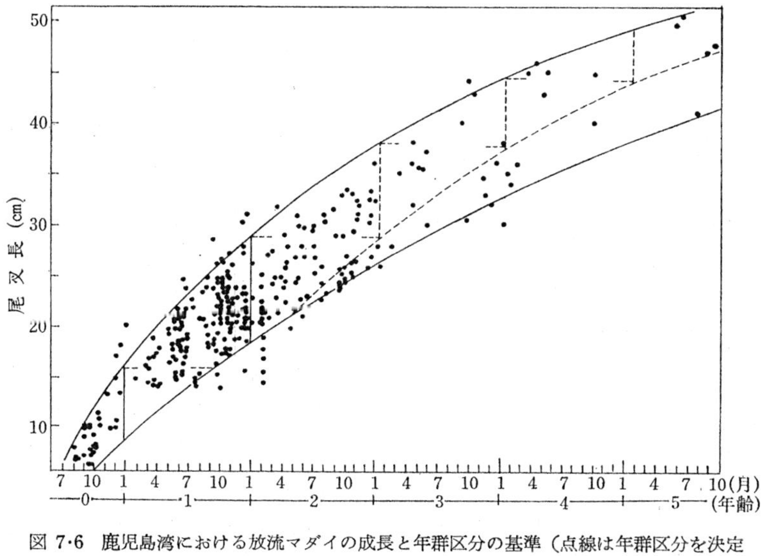

図 7·6 鹿児島湾における放流マダイの成長と年群区分の基準（点線は年群区分を決定するための条件）

をする[2,4,9]といわれている．深い漁場をもつ本湾において，高齢魚でも地先の滞留がみられるのは，各成長段階に応じた生活の場をそれぞれの水深帯に求め得るからであろう．

3·2 成長と年群区分

前述のとおり，放流後に標識の脱落が増加するために，成長に伴い脱落魚の年群の判別が難しくなる．そこで放流年の明らかな標識魚の再捕結果から得られた図7·6の成長型をもとに，標識脱落魚の年群の振り分けを実施した．成長の遅い群と速い前年群との間において年群の振り分けが困難になるので，図の破線部分のような重複部分の生じない成長型を作成して年群区分の基準とした．成長の遅い個体は1年遅れとして取扱われる可能性もあるが，全体に対するその誤差は小さいものと推察される．

この基準により，4月頃を産卵盛期とした場合の成長は，満1歳で12～20cm（50～180g），満2歳で21～31cm（210～500g），満3歳で32～39cm（0.6～1.1kg），満4歳で40～45cm（1.2～1.7kg），満5歳で46～50cm（1.8～2.2kg）となる．これは表7·1の天然マダイの成長と近似している．なお放流後の翌春（3～4月頃）に漁獲規制の15cm以上に成長するので，規制により当歳魚が保護されることになる．

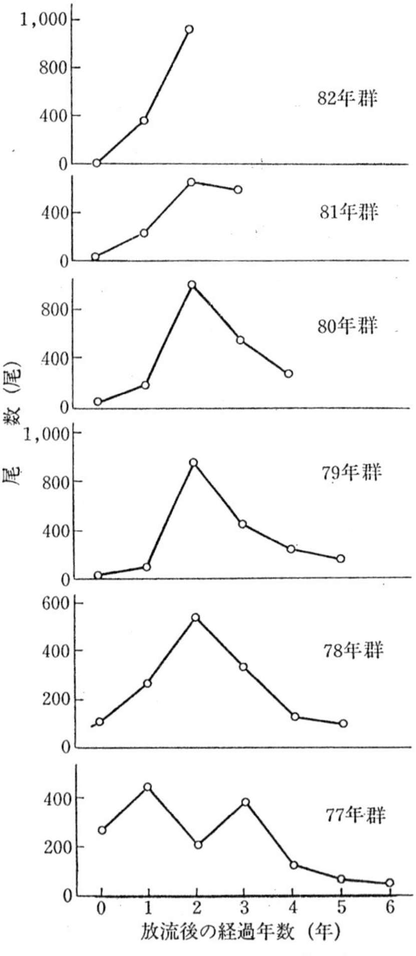

図 7·7 市場調査による標識放流魚の年群別の再捕経過

3·3 放流魚の再捕回収

標識魚の回収方法は，魚市場での

発見と標本船の漁獲記録を中心にしている．このほか，一般漁業者からの情報提供もある．1983年11月～84年10月における1年間の報告尾数は，魚市場の調査率から計算される推定再捕尾数5,548尾に対してわずか59尾（報告率1.06%）と少なく，再捕報告に基づく情報解析の難しさを示唆している．一方，市場調査では湾内マダイ漁獲量の80%以上が鹿児島市の魚市場で取扱われる好都合な条件に恵まれているので，再捕回収調査は主としてここを中心に実施している．

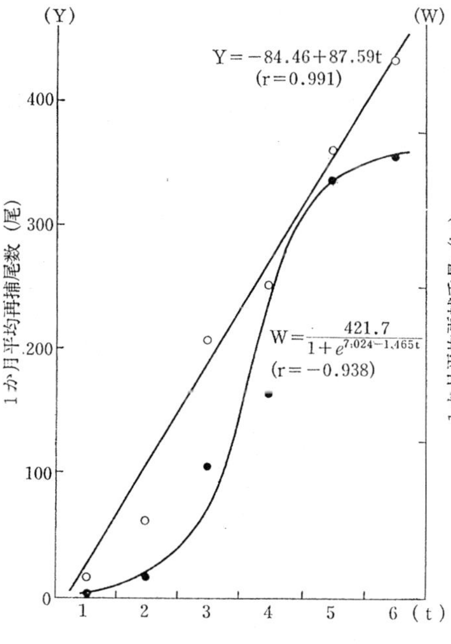

図 7·8 1980～83年群の累積再捕尾数・重量

市場調査における標識放流魚（以下，標識魚と標識脱落の痕跡魚を含む）の再捕経過を年群ごとに図7·7に示す．再捕回収は放流の翌春に始まって次第に増加し，2年目の春から夏に漁業へ完全加入する．3年以降は減少傾向を示すが，5～6年後もなお継続する．上記のようなパターンで再捕される1980～84年群の累積による1か月当たり平均再捕尾数・重量の経年変化を図7·8に示す．増加傾向の回帰式は各年の1か月当たり平均再捕尾数をY，再捕重量をW，経過年数をtとして，

$$Y = -84.46 + 87.59t \qquad (r = 0.991)$$

$$W = \frac{421.7}{1 + e^{7.024 - 1.465t}} \qquad (r = -0.938)$$

で示される．ここで下式の極限値 $W_\infty = 421.7$ に達するのは放流開始後10年目であり，それ以降の回収量はほぼ一定となる．

1983年11月～84年10月の1年間における魚市場での湾内漁獲マダイ（調査対象魚）と標識放流魚の体重組成および年群組成を図7·9に示す．体重組成でみると，湾内マダイは0.3～0.4kgをモードに，10kg級まで漁獲されている．

このうち標識放流魚は7kg級まで漁獲されており，両者の組成はよく類似している．これらを年群組成に変換すると（図7·9右上），2歳魚をモードに以後年齢とともに減少傾向がみられる．標識率*は平均で9.5%となるが，組成別

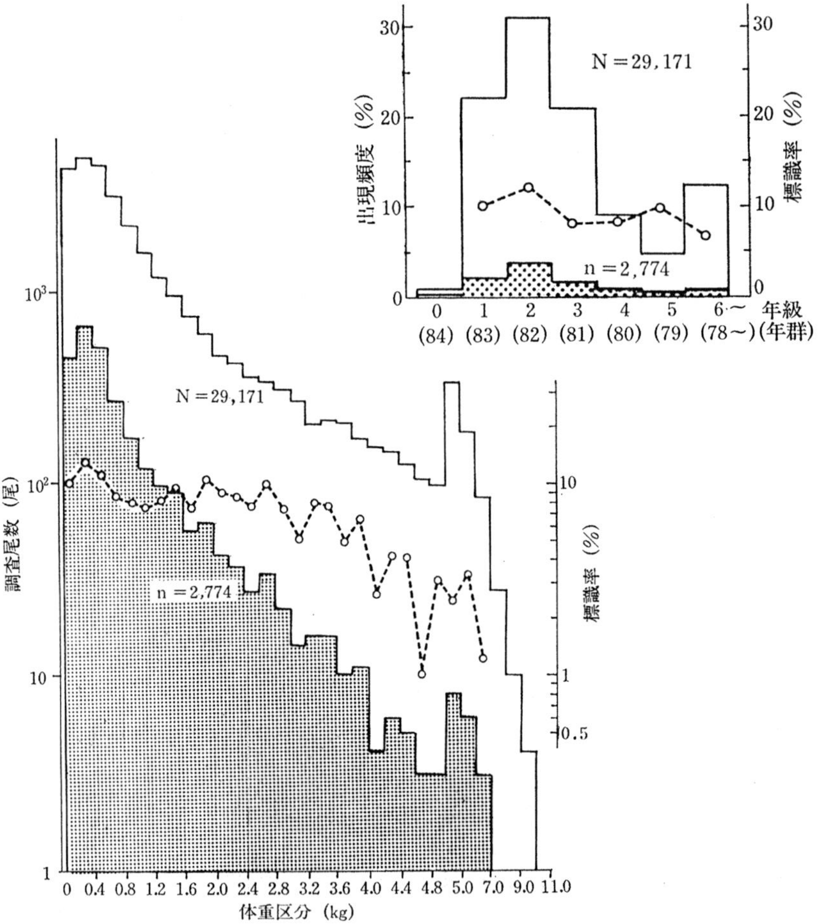

図 7·9　市場調査により回収された標識魚，標識痕跡魚（n）と調査対象魚（N）の体重組成，年群組成と標識率

$$\left(\text{標識率}=\frac{\text{標識魚}+\text{標識痕跡魚 (n)}}{\text{調査対象魚 (N)}}\right)$$

---

* 標識率[10] $=\dfrac{\text{再捕尾数}}{\text{漁獲尾数}}=\dfrac{\text{標識魚}+\text{痕跡魚 (n)}}{\text{調査対象魚}(\mathbf{N})}$

にみると0.3～0.4kgで13%，0.6～0.8kgで10%，1kg級で8%，5kg級以上で3%と高齢魚ほど低くなっている．今後放流を重ねることにより，高齢魚での標識率は高まるものと推察される．

3·4 放流効果

市場調査と標本船調査の結果をもとに，放流マダイの年間回収漁獲量を次の3つの方法で試算した．

(1)鹿児島市の魚市場における標識魚の再捕量と調査率*から放流魚の年間漁獲尾数と重量を推定する．

(2)魚市場調査における重量標識率**と湾内の漁獲量から放流魚の年間漁獲量を推定する．

(3)標本船における重量標識率と湾内の漁獲量から放流魚の年間漁獲量を推定する．

(1)の結果を表7·4に示した．1983年11月～84年10月の1年間に，鹿児島市の魚市場で再捕された標識放流魚は湾内2,749尾，外湾25尾の合計2,774尾である．

表 7·4 鹿児島市の魚市場における標識魚の再捕量と市場調査日数・開設日数から推定される放流魚の漁獲尾数と漁獲重量（1983年11月～84年10月）

放流年群	①標識の装着率	尾数（尾）			重量（kg）		
		②標識魚の再捕尾数	③放流群の推定再捕尾数②/①	④放流群の年間推定回収尾数③/Ⓐ	⑤標識魚の再捕重量	⑥放流群の推定再捕重量⑤/①	⑦放流群の年間推定回収重量⑥/Ⓐ
1984	0.350	1	3	6	—	—	—
83	0.230	540	2,348	4,696	77.8	338.3	676.6
82	0.309	1,095	3,544	7,088	455.1	1,472.8	2,945.6
81	0.242	524	2,165	4,330	467.1	1,930.2	3,860.4
80	0.277	243	877	1,754	319.7	1,154.2	2,308.4
79	0.497	148	298	596	285.1	573.6	1,147.2
78	0.540	215	398	796	668.4	1,237.8	2,475.6
77～	0.249	8	32	64	32.0	128.5	257.0
鹿児島市魚市場の合計⑧		2,774	9,665	19,330	2,305.2	6,835.4	13,670.8
湾全体の回収推定量⑧/Ⓑ				23,573			16,671.7

Ⓐ……調査率＝$\frac{\text{調査日数 151 日}}{\text{市場開設日数 302 日}}$＝0.50

Ⓑ……鹿児島市魚市場の水揚量／湾全体の水揚量＝0.82

* 調査率[10)]＝$\frac{\text{調査日数(151日)}}{\text{市場開設日数(302日)}}$，　**重量標識率＝$\frac{\text{標識魚重量}}{\text{調査対象魚重量}}$

これらの再捕尾数と重量を年群に振り分け，各年群の標識の装着率と調査率（=0.50）から放流魚の年間回収漁獲尾数と漁獲重量を求めると，19,300尾，13.7トンとなる．この年に鹿児島市魚市場で取扱われたマダイは湾内漁獲量の

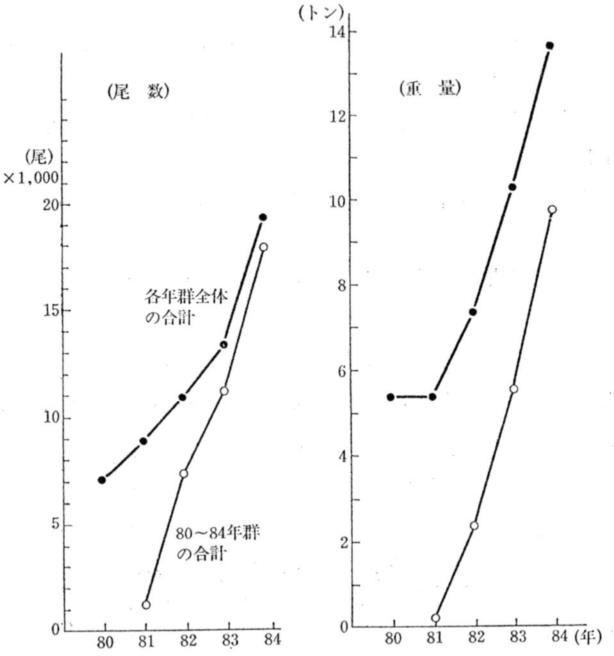

図 7·10　放流マダイの年間漁獲尾数・重量の経過

82%に相当するので，湾全体の回収量は23,600尾（16.7トン）と推定される．

(1)の方法で求めた鹿児島市魚市場での推定回収尾数と重量の経年変化は図7·10のように，1980年の7,000尾，5.4トンから84年の19,300尾，13.7トンに増加している．このうち，80～84年の放流群の割合は年々高くなり，5年目の84年には尾数で全体の94%，重量で71%を占めている．

(2)の結果を表7·5-1～2に示した．鹿児島市・鹿屋市・指宿市の各市場調査における地区別の重量標識率から，地区別，湾域別に漁獲量中の標識放流魚の年間再捕漁獲量を推定すると，湾奥部で5.0トン，湾央部で1.2トン，湾全域で6.2トンとなる（表7·5-1）．これをさらに標識放流魚重量の年群組成と標識装着率から放流マダイの年間回収漁獲量を推定すると，湾奥部で15.5トン，湾央部で3.8トン，湾全域で19.3トンとなる（表7·5-2）．これを再捕魚の平均体

重0.71kgを用いて尾数換算すると，およそ27,100尾となる．表7·5-1の地区別重量標識率の偏りをみると，回収の中心が湾奥部にあり，特に新島地区を中心にその隣接地が高い．湾央部では湾奥部に比べて低いが年々高くなりつつあ

表 7·5-1 市場調査における重量の標識率と湾内漁獲量からみた放流マダイの推定漁獲量

湾域	地区	①重量の標識率 *)	②漁獲量 **)	③標識魚の推定再捕量 ②×①
			kg	kg
湾奥	錦海	0.087	910	79.2
	錦江	0.067	6,558	439.4
	福山	0.066	1,311	86.5
	牛根	0.059	6,729	397.0
	新島	0.166	9,391	1,558.9
	西桜島	0.112	6,487	726.5
	東桜島	0.119	3,665	436.1
	鹿児島	0.062	20,384	1,263.8
	小計		55,435	4,987.4
湾央	垂水	0.037	8,556	316.6
	鹿屋	0.041	9,471	388.3
	谷山	0.031	1,906	59.1
	喜入	0.043	464	20.0
	岩本	0.013	2,854	37.1
	指宿	0.013	17,735	230.6
	山川	0.011	7,909	87.0
	大根占	—	1,134	—
	根占	0.023	3,788	87.1
	佐多	0.006	3,790	22.7
	小計		57,607	1,248.5
外湾	かいえい	0.011		
湾内合計			113,042	6,235.9

*) $重量標識率 = \frac{標識魚重量}{調査対象魚重量}$

**) 便宜上1983年1～12月の漁獲量を用いた．

る．外湾部への分散も年々増加し，湾口部とほぼ同じ値となっている．分散移動は3歳魚以上に著しくみられる．

(3)の結果を表7·6に示した．1983年4月～84年3月における標本船調査（湾奥8隻，湾央7隻）の重量標識率をもとに，(2)と同様に漁獲量中の標識放流魚の再捕漁獲量を推定すると，湾奥部で3.9トン，湾央部で0.2トン，湾全体で

4.1トンとなる．さらに装着率から放流魚の回収漁獲量を推定すると，湾奥部で14.0トン，湾央部で0.9トン，湾全体で14.9トン（尾数換算で21,000尾）となる．

表 7･5-2　市場調査における重量の標識率と湾内漁獲量からみた放流マダイの推定漁獲量

湾域	年級	④標識魚の重量組成	⑤標識魚の推定再捕量	⑥標識の装着率	⑦放流魚の推定回収量 ⑤／⑥
		%			
湾奥	1983	3.5	174.6	0.230	759.1
	82	20.1	1,002.5	0.309	3,244.3
	81	20.8	1,037.4	0.242	4,286.8
	80	14.0	698.2	0.277	2,520.6
	79	12.7	633.4	0.497	1,274.4
	78～	28.9	1,441.3	0.422	3,415.4
	小　計	100.0	4,987.4		15,500.6
湾央	1983	1.9	23.8	0.230	103.5
	82	18.6	232.2	0.309	751.9
	81	17.0	212.2	0.242	876.9
	80	15.5	193.5	0.277	698.6
	70	8.4	104.9	0.497	211.1
	78～	38.6	481.9	0.422	1,141.9
	小　計	100.0	1,248.5		3,783.9
計			6,235.9		19,284.5

表 7･6　標本船調査の標識率から推定される放流マダイの年間漁獲量

湾 域	標本船 ①漁 獲 量	標本船 ②標識魚の漁獲量	③総漁獲量 *)	④漁獲量中の標識魚の推定量 ②×③／①	⑤標識装着率 **)	放流魚の推定漁獲量 ④／⑤
	kg	kg	kg	kg		kg
湾 奥	3,994.5	278.4	55,435	3,863.6	0.275	14,049.5
湾 央	2,576.1	10.5	57,607	234.8	0.261	899.6
計	6,570.6	288.9	113,042	4,098.4		14,949.1

*) 標識装着率は，湾奥は1979～83年群，湾央は80～83年群の平均値を用いた．
**) 総漁獲量は便宜上1983年１～12月の伝票集計による．

上記３方法の試算により，ここ１年間における放流魚の回収漁獲量は14.9～19.3トン（21,000～27,100尾）と推定された．これを鹿児島市魚市場の平均単価2,200/kgから金額に換算すると3,278～4,246万円の粗生産額となる．これから種苗原価と中間育成経費として，28.2円/尾×100万尾＝2,820万円を差引くと，458〜1,426万円の利益を生ずる計算になる．

3·5 資源特性値

1978〜80年の標識放流群の再捕結果から，田中[11,12]とBEVERTON[13,14]およびPAULIK[15,16]の方法を用いて資源特性値を推定した．以下のような仮定をおいて解析を実施した．標識の影響による初期の死亡率を0.2とする．漁業へ完全加入するのは2年目の春から夏なので（図7·7），2年目の1月に放流を実施したものとする．

表 7·7 放流マダイの資源特性値の推定結果

放流年群	1978	79	80
標識放流尾数	115,600	119,700	193,900
漁獲開始時の推定放流尾数	28,022	29,016	47,002
漁獲開始後の経過年数*	推定回収尾数		
0.5	1180	2169	1,984
1.5	729	927	1,180
2.5	260	469	540
3.5	213	329	206
合計	2,382	3,894	3,910
田中の方法による推定			
平均経過年数 $\bar{t}$	1.293	1.233	1.236
全減少係数 Z	0.774	0.811	0.809
漁獲死亡係数 F	0.066	0.109	0.067
自然死亡係数 M	0.708	0.702	0.742
漁獲率 E	0.046	0.075	0.046
自然死亡率 D	0.493	0.481	0.509
BEVERTONの方法による推定			
全数少係数 Z	0.617	0.634	0.758
漁獲死亡係数 F	0.077	0.123	0.099
自然死亡係数 M	0.540	0.511	0.659
漁獲率 E	0.057	0.091	0.069
自然死亡率 D	0.403	0.379	0.462
PAULIKの方法による推定			
全減少係数 Z	0.947	0.996	1.032
漁獲死亡係数 F	0.083	0.136	0.087
自然死亡係数 M	0.864	0.860	0.946
漁獲率 E	0.053	0.086	0.054
自然死亡率 D	0.559	0.544	0.589

* 図7·6の年群にはプラス1.5で対応する．

実際の標識放流時から漁獲開始時（2年目の1月）までの1.5年は図7·9の年群組成から求めた1年当たりの生残率S＝0.451，全減少係数Z＝0.796で減少するとして，漁獲開始時の標識放流尾数を推定した．推定回収尾数は表7·4のような調査率を加味したもので，放流後1.5年未満と年群区分の不正確な6年以上については取扱わなかった．

結果は表7·7に示した．各特性値は3つの方法により若干異なる数値が得られた．最も平均的な1979年放流群の田中の方法による漁獲率E＝0.075を採用すると，1979〜83年の湾内の年平均漁獲量98トンから湾内資源量はおよそ1,300トンと推定される．

この解析においては，漁獲開始時の放流尾数をいくつかの仮定をおいて推算していること，魚の移動（特に湾外への逸散）を考慮していないなど精度上の問題点が挙げられる．また経過年数 4.5 年（年群 6 年）以上の資料を用いていないこと，漁獲努力の対象が若齢魚に偏っていると考えられること，田中と PAULIK の方法ではいずれも時間のデータを縮約*するほど推定値に偏りを生ずる[15,17]ことなどの理由により，漁獲率 E はかなり過小に計算されているものと推察される．諸般の状況を鑑みると，実際の漁獲率は 0.1〜0.2 程度，従って湾内資源量はおよそ 500〜1,000 トンと推定される．

3·6 放流後にみられる資源動向

1）湾内の漁獲量 魚市場の水揚げ伝票から集計した湾内漁獲量の年変動を図 7·11 に示す．湾域別にみると，湾央部で横這い，湾奥部および湾外の漁獲を含む湾口部で増加の傾向を示す．湾全体では1979年の 76 トンから 83 年の 113 トンに毎年増加してきた．図 7·12 の標本船の漁業種類別 CPUE（kg/日/隻）の年変化でみても，若干のバラツキはあるものの，全体的に増加傾向にあるといえよう．このうち，湾口部での増加は自然変動の可能性もあるが，湾奥部については標本船の実態や放流魚の回収海域の偏りなどからみても，放流効果そのものの反映とみられる．本湾におけるマダイ資源の状態には確実に上向きの傾向がうかがえる．

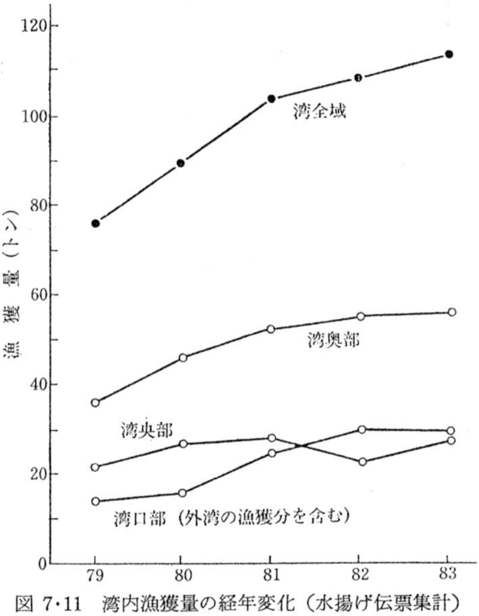

図 7·11 湾内漁獲量の経年変化（水揚げ伝票集計）

2）魚体組成 市場調査による1974〜84年（76年は調査欠）の年別魚体組成を図 7·13 に示す．漁獲魚体のモードは1974と75年には 0.4〜0.8kg または 1.0〜1.4kg にあるが，77〜80年には 0.2kg 以下に移行した．81年以降のモードは 0.3〜0.4kg の若干大きい方に移行しているが，74〜75 年に比べて，近年，小型化の傾向が顕著である．

---

* 一部に不正確な資料があるため，1 年毎に期間を区切った．

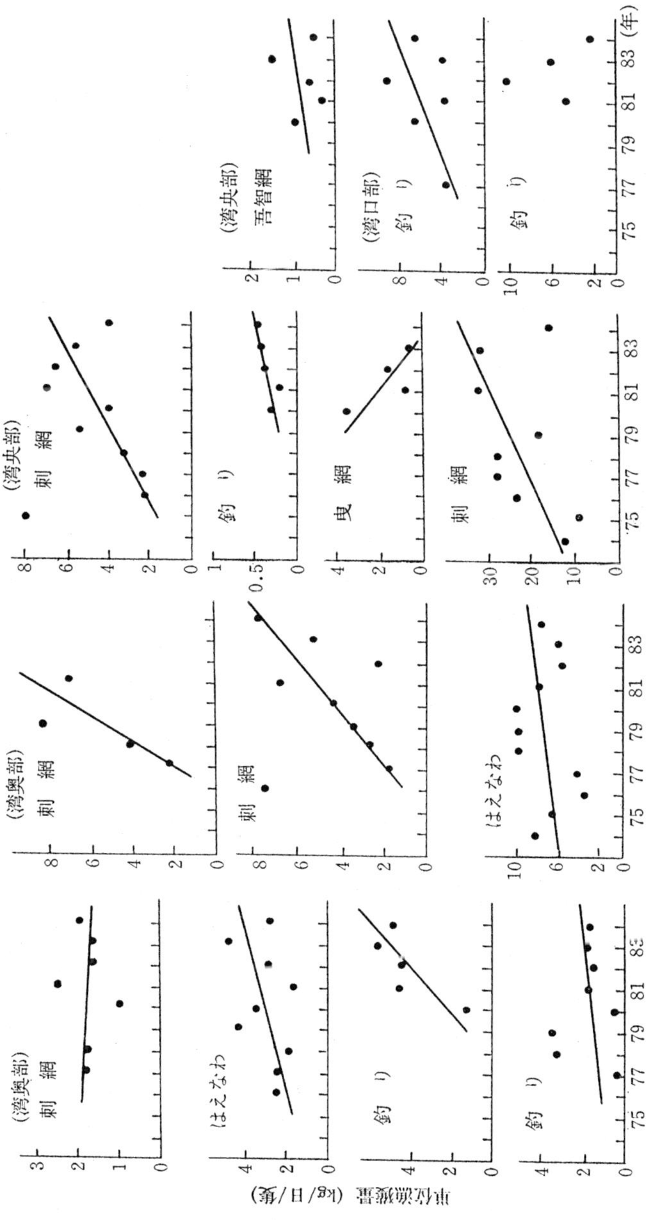

図 7·12 標本船の CPUE (kg/日/隻) の年変化

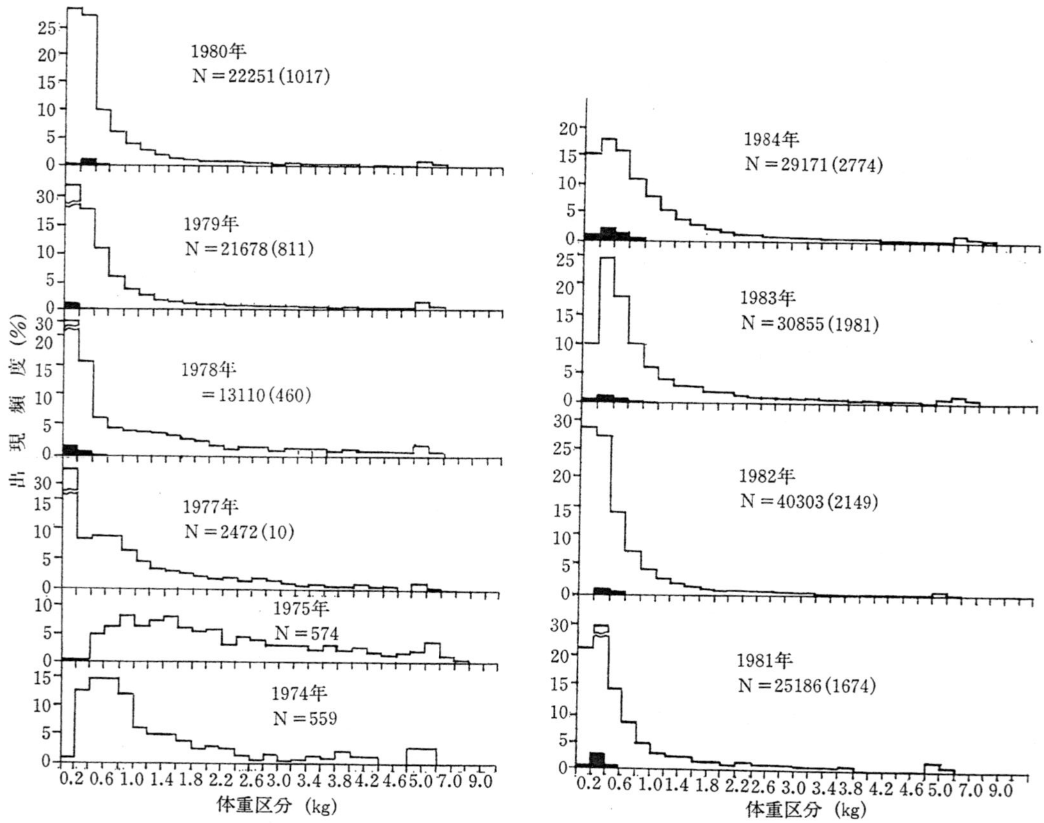

図 7·13　湾内マダイの年別漁獲組成　(　) は標識魚尾数

同様の傾向は標本船の漁獲魚体組成にもみられる[18]．小型化の傾向は放流規模が10～20万尾に増大した77年以降に顕著となっており，魚体組成にみられる放流後の現象と思われる．魚体組成にも放流効果の一端がうかがえる．

§4. 今後の問題点

鹿児島湾全域を対象とした大量放流については，2，3の問題点が挙げられる．まず，種苗の中間育成手法と放流作業上の取扱いの問題がある．放流サイズを60mm 以上にしている現段階では中間育成は不可欠である．種苗は出荷から放流にいたるまで，運搬や標識装着など，かなり粗雑な過程を経ている．そのため中間育成の歩留りも低く，放流後の生残りも懸念される．将来は種苗の量的な安定確保や健苗育成などの問題対策を含めて，種苗に負担をかけない放流の拠点づくりの検討も必要である．

いま一つの問題に，放流効果の湾域差の原因に関するものがある．漁場面積と漁獲量からみた場合の相対的放流数が考え得る原因の一つである．湾奥部に比べて湾央部の方が少ないので，漁場に見合った放流数の再検討が必要である．さらに別の原因も考えられ，究明と対策が今後の課題となろう．

最後は遊漁に関する問題である．現在鹿児島湾の遊漁人口は2,000人ともいわれており，遊漁によるマダイ釣獲量はかなりなものと思われるが，実態は把握できていない．本湾のような閉鎖水域での放流効果は把握しやすい条件にある反面，遊漁者による回収は開放水域に比べて高くなるとみられ，その量は軽視できない．本湾のマダイ放流には関係漁業者の経費負担もあり，自らの手で放流して資源管理にも努めている．今後は漁業者と遊漁者間の相互理解のもとに，平等な立場で栽培漁業に参加できる方策の検討が必要になろう．

文　献

1) 九州農政局鹿児島統計情報事務所：第31次鹿児島農林水産統計年報昭和58～59 (1984).

2) 福岡・佐賀・長崎・熊本・鹿児島県水産試験場：東シナ海・有明海栽培漁業漁場資源生態調査とりまとめ報告書（昭和47・48・49年度総合版）A．九州西海域篇，1，(1975).

3) 椎原久幸・野村俊文・松原　中・神野芳久・瀬戸口　勇・茂野邦彦：鹿児島湾におけるマダイの種苗放流．栽培技研，9(1)，39～62 (1980).

4) 南西海区ブロック会議タイ類技術部会：タイ類の生物学並びに資源培養技術に関する既往資料，10～15 (1978).

5) 国行一正・矢野　実・川西正衛：広島県中部海域におけるマダイ未成魚の年齢と成長．南西水研報，8，81～99 (1975).

6）九州西海・日本海西部海域マダイ班：回遊性魚類共同放流実験調査事業総合報告書，25～58（1985）．

7）立石　賢：マダイ放流種苗の追跡．種苗の放流効果（日本水産学会編），恒星社厚生閣，東京，102～114（1976）．

8）鹿児島県水産試験場：昭和56年度九州西海・日本海西部回遊性魚類共同放流実験調査事業マダイ共同報告書．61～72（1981）．

9）山口正男：マダイの養殖．恒星社厚生閣，東京，5～30（1971）．

10）松宮義晴：栽培漁業における資源学的用語の統一について．魚類研究会報，西海区ブロック浅海開発会議，**2**，37～38（1984）．

11）田中昌一：資源研究の理論と実際．日本水産資源保護協会，東京，29～49（1968）．

12）S. Tanaka: Estimation of fishing coefficient of Mojako by tagging experiments on drifting seaweeds-I Method and an example. *Bull. Jap. Soc. Sci. Fish.*, **33**(12), 1108～1115（1967）．

13）加藤史彦：日本海定置網漁業での評価．水産資源の解析と評価（石井丈夫編），恒星社厚生閣，東京，104～114（1983）．

14）R. J. H. Beverton: Notes on the use of theoretical models in the study of the dynamics of exploited fish populations. *Misc. Contr. Biol. Lab. Beaufort*, No. 2, 159pp.（1954）．

15）北田修一：標識放流再捕データから Paulik の方法によって生残率を推定するための簡便法．栽培技研，**14**(1)，79～85（1985）．

16）G. J. Paulik: Estimates of mortality rates from tag recoveries. *Biometrics*, **19**, 28～57（1963）．

17）神奈川県水産試験場：昭和59年度回遊性魚類共同放流実験調査事業報告書．太平洋中区海域マダイ班，31～46（1985）．

18）鹿児島県水産試験場：昭和59年度九州西海・日本海西部回遊性魚類共同放流実験調査事業マダイ共同報告書．鹿1～13（1985）．

8．神奈川県沿岸における放流の成果と問題点

高　間　　　浩*

マダイの人工種苗が日本で初めて放流されたのは，1962年のことで，神奈川県横須賀市にある観音崎生物研究所で生産された体長 10～12cm の種苗が全国に先がけて天然の海で生活し始めた[1,2]．その後，神奈川県は1970年に人工種苗94尾を初めて相模湾に放流し，72～79年の３か年間には，種苗放流，漁獲管理などによる生産増の可能性を究明するため，１都４県によるマダイの資源生態調査を実施し，栽培漁業展開の方向づけを行った．

種苗生産については1976年に県栽培漁業センターが完成し，放流事業の大前提であるマダイ種苗量産の技術開発と体制づくりを行った．そして78年には全長約 20mm の種苗48万尾を生産，79年以降には 100万尾以上のほぼ安定した量産技術と体制ができあがっている．

このことを受けて，大量放流を継続したことにより，マダイの漁獲増を肌で感じる漁業者が急激に増加し，栽培漁業の一つの手段である種苗放流が確かな手応えとなって現われてきている．また再生産に関与する成熟魚の再捕例が認められ，放流魚が放流地先での直接的な資源形成のみならず，隣接県を含めた共通資源の形成にとって重要になりつつある．

ここではこれまでの放流事業を進めてきた経過および成果と資源培養を実証するための問題点について報告する．

§1.　マダイの漁業実態と生活様式

1･1　漁 獲 量

神奈川県における1957～82年のマダイ漁獲量（属人統計のうち遠洋漁業分を除いたもの）の経年変化を 図8･1 に示した．

当県漁獲量の最高は1966年の 131.8トン，最低は78年の 27.6トンである．1957～63年の年平均漁獲量は 78.6トン（変動係数20％），63～69年では 64.9トン（変動係数45％），69～78年では43.2トン（変動係数25％）と７～10年毎の年平均漁獲量は漸減傾向にある．しかし，放流事業が軌道に乗り始めた81年から漁

*　神奈川県水産試験場

獲量は増加傾向に転じ，同年は前年比で9.7トン増の37.9トン，82年は7.6トン増の45.5トンとなっている．

ところで，マダイ漁獲量が減少しているとき，一つの作業仮説として，マダイ生産力を過去のマダイ漁獲量の平均値レベルと考え，そのレベルからの減少

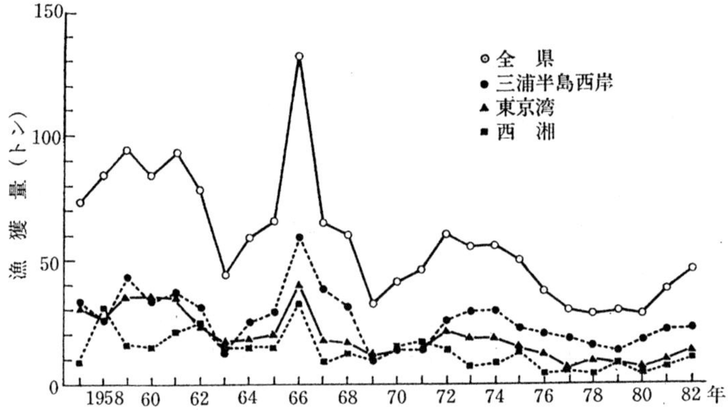

図 8·1　神奈川県のマダイ漁獲量の経年変化

量をマダイ放流事業の増加目標漁獲量と考えた．

当県でのマダイ種苗大量放流以前の平均漁獲量（1957～77年の21年間平均）は63.5トン（変動係数38％）であるので，放流事業の当面の目標は60トン台の資源レベルに回復させることにある．

種苗放流事業の展開は当県の資源性状と漁業実態から2つの視点に整理される．一つは3歳魚までの地先群の資源形成にどう資するかという評価であり，もう一つは4歳魚以上になって，かなり広域での回遊群として，再生産を含む資源形成へどのような力となるかの評価である．

1·2　放流対象地先群

放流魚の3歳魚までの移動範囲からみると，放流魚は主に水深100m以浅に生息し，また放流場所周辺に多く生息している．

当県では図8·2に示したほぼ独立した生息域をもつと考えられる3つの地先群を想定し，それぞれの地先の漁場環境や漁業特性に見合う種苗放流を実施してきた．これらの地先群は，それぞれの地先内にある産卵場を中心とした根付群的性格を有している．

東京湾群は三浦半島南部の松輪以北の東京湾口を生息域とし，その生息面積（水深100m以浅の面積）は神奈川県海面 170km^2，千葉県海面157km^2 の合計

327km^2 で，鴨居沖の浦賀水道周辺や松輪沖などが産卵場となっている．この地先群の近年（1978～82年）の神奈川県年平均漁獲量は 9.5 トンで，放流以前（1973～78年平均）に比べて定置網での漁獲割合が増加している．

この海域はかつてマダイの好漁場であったが，埋め立てや水質・底質の悪化

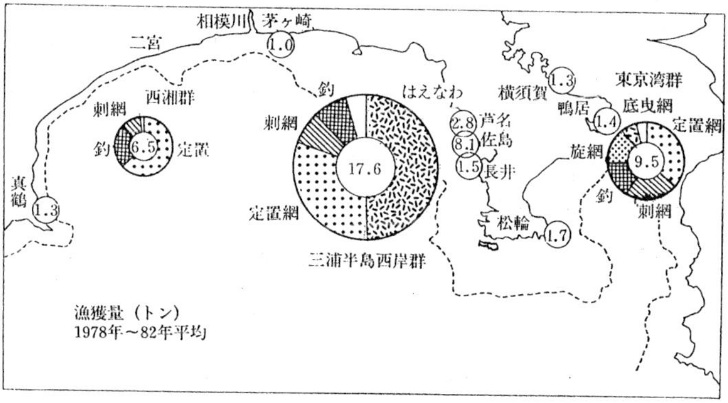

図 8･2 神奈川県における地先群別漁獲量と主な漁獲地

などにより，マダイの生息域が狭まり，稚仔魚の成育場も失われつつある．しかしここは比較的閉鎖海域であるので放流効果が現われやすいと考えられる．またこの地先群は千葉県との共通資源となっているので，共同して種苗放流を実施し，資源培養に努める必要がある．

三浦半島西岸群は松輪から相模川にいたる相模湾東部を生息域とし，その生息面積は 228km^2 で，長井沖や城ヶ島沖などが産卵場となっている．この地先群の近年の年平均漁獲量は17.6トンで，はえなわ，定置網での漁獲割合が高い．

この海域は当県のマダイ漁場の中心海域で，産卵場として好適な岩礁部が点在し，稚仔魚の成育場もかなり存在する．ここは相模湾という開放海域であるので，放流魚をどれだけ滞留させ，回収することができるかが課題である．

西湘群は相模川以西真鶴半島までの相模湾中央部を生息域とし，その生息面積は51km^2で，二宮沖や真鶴沖が産卵場と推定されている．この地先群の近年の年平均漁獲量は 6.5 トンで，定置網での漁獲割合が高い．

この海域は急深な地形のためマダイの生息域が狭く，稚仔魚の成育場も少ないので，放流魚の保育，滞留が課題である．またこの地先群は静岡県（特に伊豆東岸群）からの補給（移動）が多い[3] 影響のためか漁獲量の変動が大きく，静岡県と連携した放流も考慮する必要がある．

1·3 マダイ稚仔魚の生活様式

マダイの種苗放流を実証するに際して，マダイ（特に稚仔魚）の生活様式を十分認識する必要がある．つまりマダイが発育段階に応じて要求する環境条件，害敵や競合種，餌生物量などを考慮した放流を実施する必要がある．

神奈川県沿岸のマダイの産卵期は，最低水温から急に昇温する時期である4～6月で，先に述べた各地先の産卵場が親魚の漁場となる．そのうち大産卵場として知られているのが，東京湾口部の松輪から城ヶ島にかけての水深30～50mの岩礁域である．この他，千葉県沿岸の館山湾沖にも大産卵場が認められている[4]．

これらの産卵場で産出された卵稚仔は，約50日間浮遊生活を送り，体長（尾叉長，以下同様）約3cmになって沿岸の初期成育場に着底する[4]．着底後のマダイ当歳魚は発育段階によって生息場を変えており，藻場生活期，砂場生活期および根付生活期に区分される[5]．

藻場生活期は，浮遊生活を終えて着底後，体長6～7cmに成長するまでの6～8月の時期で，水深5～10mのアマモ場周辺を重要な成育場としており，プランクトン食性から変化し，端脚類や多毛類などの底生性の餌を主に摂餌して底層生活を送っている．この時期のマダイは旺盛な食欲を示し，1日約1mmの成長をするが，この時期の個体間の成長差がその後の成長にも影響を及ぼす重要な時期である．

砂場生活期は，体長6～13cmに成長するまでの藻場から逸散する8～10月の時期で，水深8～20mの砂場を重要な成育場としており，クモヒトデや十脚類などのより底生性の餌を摂餌して底層生活を送っている．

根付生活期は，体長11cm以上に成長する10月下旬以降で，水深15m以深の天然礁や人工礁を重要な成育場としており，多毛類，十脚類の他，頭足類，魚類などを摂餌し，中底層生活を送っている．そして越冬期（水温17°C以下）には，水深60mにまで生活領域を拡げている．

§2. 放流技術

2·1 放流サイズ

放流サイズを決定するには，放流種苗の天然海域での生残率（再捕率）と種苗生産能力を考慮する必要がある．つまり大型な種苗ほど放流後の再捕率は高い傾向にあるが，あまり大型な種苗であると，中間育成段階での費用と労力がかかりすぎたり，大量の種苗が得られないなど，種苗放流本来の意味がなくなる．放流効果の十分期待できる大きさで，しかもできるだけ小型の種苗を大量放流するのが望ましい．

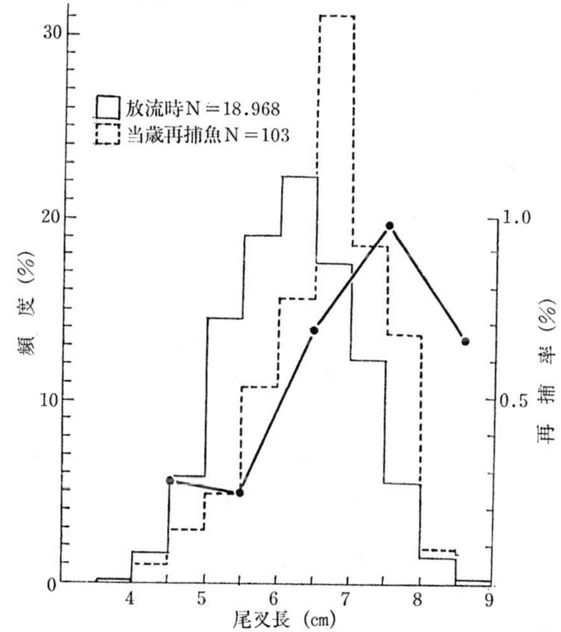

図 8·3　1980年標識放流魚と再捕魚の放流時尾叉長組成およびサイズ別の再捕率（当歳魚）

当県での放流サイズ別の標識放流効果によれば，再捕魚の放流時サイズ別再捕率は 図8·3のとおりで，放流時体長が4 cmサイズから再捕が認められているが，6 cmサイズ以上で再捕率は高い[5]．そしてこの大きさでの食害はあまり多くないと考えられていること[6]や当県ではこのサイズで100万尾程度の量産が可能であることから，放放サイズを体長4～7 cmと考えて放流実験を行った．

なお放流サイズは種苗の質とも密接に関連するものと考えられるので，より健全な種苗の育成に心掛けることが重要である．

2·2　放流場所

上記のサイズは先に述べたマダイの発育段階からみると藻場生活期～砂場生活期にあたることから，放流場所としては第一に藻場が考えられる．県内の藻場（小田和湾）での大量直接放流（30万尾放流）の結果では，放流魚の生息密度は一時的に天然魚のそれの10倍程度に達するが，すぐに逸散し，最大の生息密度でも0.6尾/m^2でしかなくなる[7]．したがって直接放流ではこの藻場のマダイ生息面積（15,000m^2）から考えて，この時期に大量の種苗を滞留させることはむずかしいものと考えられた．

しかし高い生産力をもつ藻場を有効に生かすため，大分県や静岡県などで行った囲網や仕切網を使用した育成放流[8,9]やアマモ場造成などの人為的方策を考えれば，大量の種苗を収容することも可能であろう．

次の成育場である砂場は面積が広いことから，環境収容力も大きいと考えられる．図8·4に示すように，水深10～20mの砂場では体長5.5cm以上で放流可能で，体長6cm以上であれば水深20～30mの場所でも放流可能であることが明らかとなった[10]．

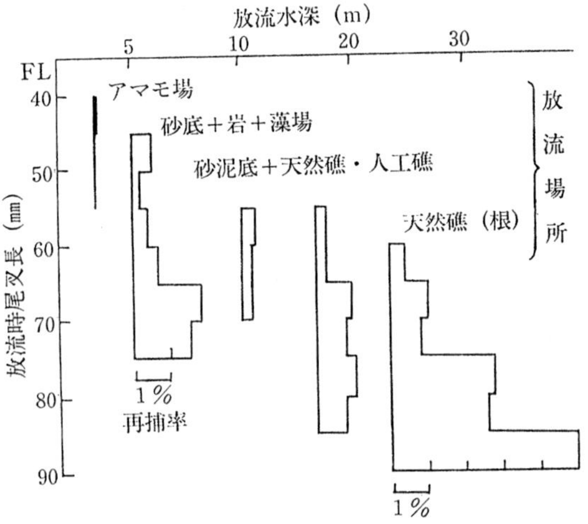

図 8·4　放流場所別，放流サイズ別再捕率（当歳魚）

放流場所はマダイにとって生物的な生存条件が備わった所であることはいうまでもない．放流効果を考える上では，放流場所近くに当歳魚を大量捕獲する漁業があってはならず，漁獲対象となる大きさで高い再捕率の得られる場所が放流適地と考えられる．したがって，放流場所の選定にあたっては生物的条件と漁業配置などの社会的条件を総合的に考慮する必要があり，さらに高い放流効果を得るためには放流場所周辺を禁漁区にするなどの保護管理の方策も必要となる．

2·3　放流時期

放流時期は天然マダイの発育時期と放流サイズによって決定するのが原則である．しかし当県では種苗生産開始（採卵時期）が5月下旬～6月上旬となるため，種苗放流サイズの体長 5～6 cm になるのが8月上旬となり，天然マダイの発育時期とずれが生じる．

この時期になると，藻場ではアマモが枯死し始めマダイの餌生物量も減少するなど生息環境が劣化する[11]．そこで先に述べた放流実験の結果から，8月上旬～中旬に砂場での大量放流することを主体に放流事業を進めている．

§3.　種苗放流

3·1　放流実績

神奈川県で大量放流を開始した1978年以降84年までの県全体の累積放流尾数は，図8·5に示したように，7年間の累計で642万尾となっている．このうち東京湾群へは累計136万尾，三浦半島西岸群へは累計416万尾，西湘群へは累計90万尾が放流された．

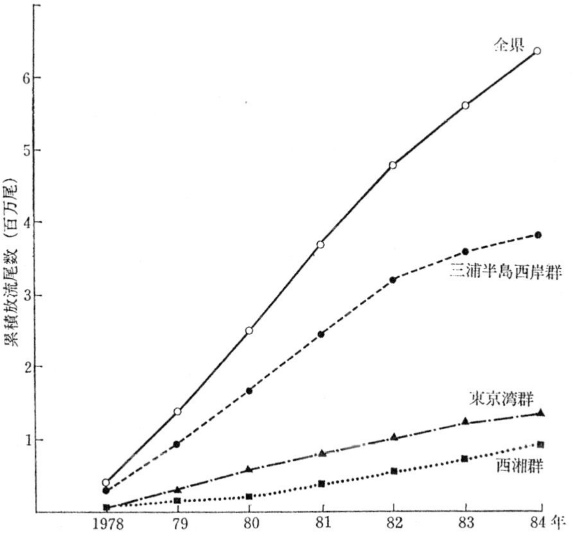

図 8·5　神奈川県におけるマダイ累積放流尾数

放流実績を各地先群のマダイの生息面積（県全体で449 km^2）で評価すると，7年間の累計で7,978～18,255（県平均14,316）尾/km^2，年平均では1,140～2,552（県平均2,045）尾/km^2となる．

また1973～82年の10年間の各地先群の平均漁獲量（県全体で39.4トン）で評価すると，年平均で16,712～28,601（県平均23,290）尾/トンとなる．

これらの数値は神奈川県が全国的にも高い放流実績をもつことを示している．当県のようなマダイ資源水準の低い海域においては，量産可能な数量の種苗放流によって漁獲量を飛躍的に増大させられる可能性がある．

なお放流効果は結果的に漁獲統計に反映するものでなくてはならないが，そのために必要な放流数の確保には今後とも努力することが大切である．

3·2　放流魚の移動

神奈川県での標識放流再捕魚は，1985年6月現在，7歳魚まで認められ，その移動模式図は図8·6に示すとおりである．

東京湾内に放流したものは1歳魚から南下傾向を示し，湾口部付近で1～3歳魚が多く再捕される．また，2～3歳魚の一部は千葉県沿岸に南下して再捕され，放流魚が千葉県との共通資源となっている[4]．

三浦半島西岸に放流したものは1～2歳魚では南下するものと北上するもの

があり，沿岸各地で再捕される．そして，3歳魚以上になると，長井沖や城ケ島沖の産卵場で再捕される．

西湘に放流したものは地先内で4歳魚以上の再捕は認められていないが，1～2歳魚では放流地点周辺で多く再捕される．この地先内には大きな産卵場が

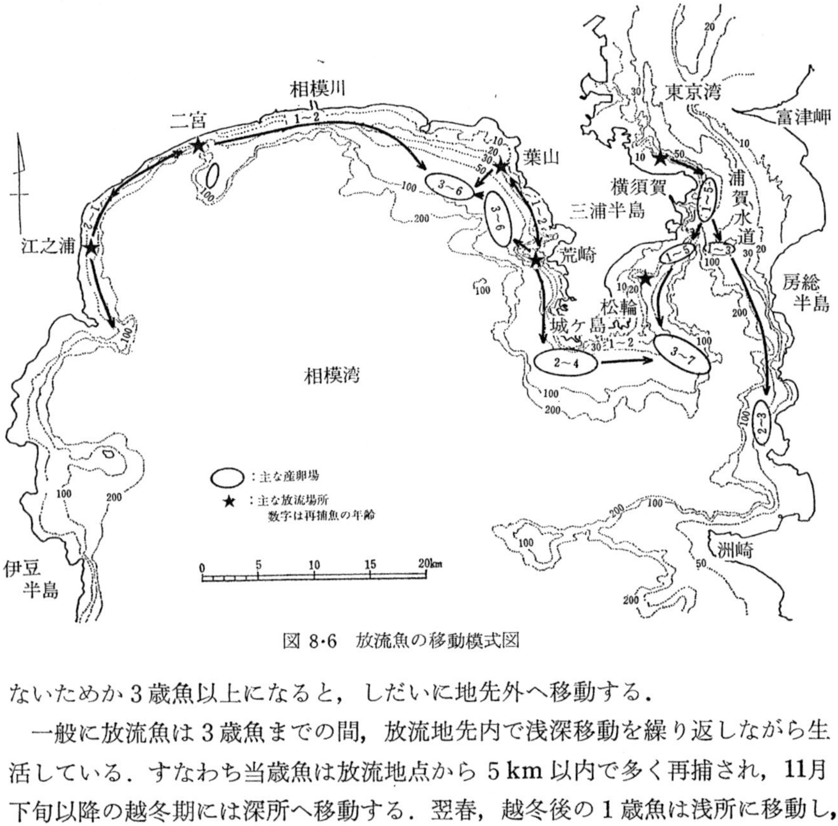

図 8·6　放流魚の移動模式図

ないためか3歳魚以上になると，しだいに地先外へ移動する．

一般に放流魚は3歳魚までの間，放流地先内で浅深移動を繰り返しながら生活している．すなわち当歳魚は放流地点から5 km以内で多く再捕され，11月下旬以降の越冬期には深所へ移動する．翌春，越冬後の1歳魚は浅所に移動し，放流地点から10km以内で多く再捕され，越冬期には再び深所へ移動する．そして3歳魚以上になると産卵期には放流地先内の産卵場で多く再捕されるようになり，放流魚が産卵場を中心とした根付群となっているものと考えられる．

放流魚の移動範囲は，成長にしたがって拡大するが，また放流量の増加にともなって拡大する傾向にある[12]．このことは放流海域の収容力の一つの指標とも考えられるので，累積放流尾数と移動範囲から放流海域での適正放流量をある程度予測することができよう．

3·3　放流魚の成長

放流魚の成長は3つの地先群間に大きな差は認められず，図8·7に示すように満1年（放流翌年の6月）では体長17.0cm，体重119gとなる．その後，満2年では24.4cm，340g，満3年で30.5cm，652g，満4年で35.0cm，971g，満5年で39.0cm，1,334g，満6年で42.7cm，1,741gに成長する[13]．そして，3歳魚以降には成熟するものがみられ再生産に関与し始める[4]．

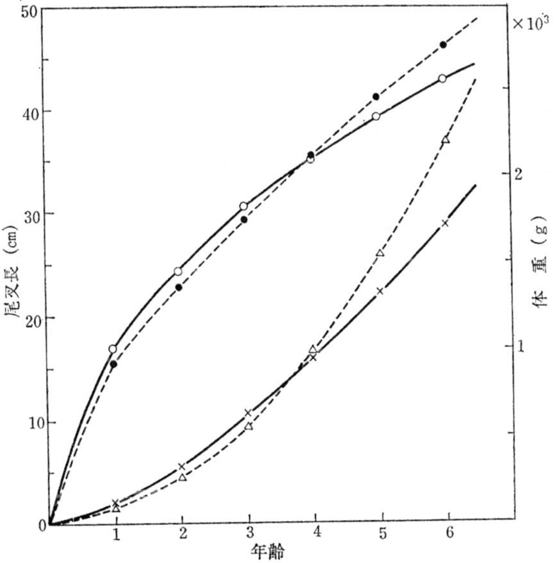

図 8·7　放流魚と天然魚の成長．○・×：放流魚，●・△：天然魚

これらの値から BERTALANFFY の成長式と相対成長式を求めると，それぞれ

$$l_t = 58.19\ 〔1 - e^{-0.1950(t+0.7596)}〕$$

l_t：cm　t：年

$$BW = 0.031 \times FL^{2.912} \quad (g,\ cm)$$

が得られた．

神奈川県産の天然マダイについては同様に

$$l_t = 107.2\ 〔1 - e^{-0.0811(t+0.9263)}〕$$

$$BW = 0.025 \times FL^{2.972}$$

が得られている[14]．

放流魚と天然魚の成長を比較すると，ほぼ同様な成長といえるが，三尾[15]の方法にしたがって WALFORD の成長転換式の係数をみると，放流魚では

$$l_{n+1} = 0.823\ l_n + 10.311 \qquad (cm)$$

天然魚では

$$l_{n+1} = 0.922\ l_n + 8.368 \qquad (cm)$$

となる．

放流魚の成長係数は天然魚に比べて小さく，初期成長量は放流魚の方が大きい結果となる．これは両者の成長様式が異なるということも考えられるが，放流再捕魚の年齢が若齢に偏ることや推定方法の違いなどによって起こった現象かも知れない．

3·4　放流魚の回収率

標識放流マダイの再捕率は，標識の脱落による標識装着魚の減少と再捕の報告率によって小さく見積もられるので，年々の実際の再捕率を標識脱落率（1歳魚0.3，2歳魚0.7，3歳魚以上0.8），報告率（0.5，毎年一定）で補正し，各地先群の回収率を求めた．なお，脱落率については当県での市場調査結果[16]（1歳魚で0.32）と静岡県での推定結果[17]（体長15〜20cmで0.24，25〜30cmで0.71，40〜45cmで0.81など）を参考に定め，報告率については当県金田湾地先の刺網漁業で得られた値[16]（0.35）や小田原市場での調査率[16]（約0.8）を参考にして定めた．

1979〜84年の6年間に再捕された1〜6歳魚について計算された3地先群の年齢ごとの累積平均回収率を図8·8に示した[13]．

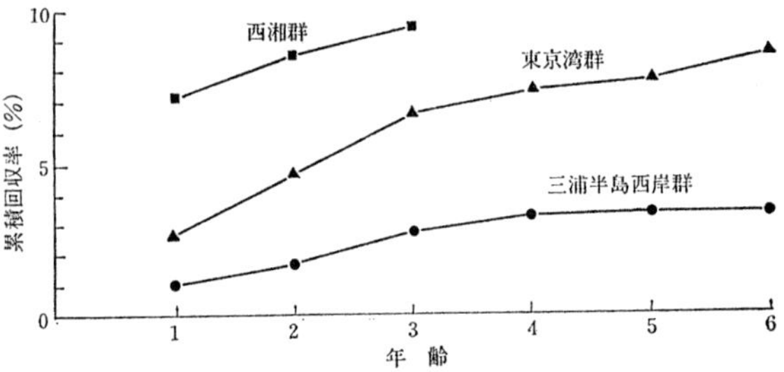

図 8·8　年齢別平均累積回収率

西湘群では3歳魚までの再捕情報しかないが，1歳魚での回収率が著しく高いため累積回収率は3地先群の中で最も高い．東京湾群，三浦半島西岸群とも6歳魚までの再捕があるが，海域特性を反映してか東京湾群での回収率が比較的高い．

放流魚の再捕率は，放流群や放流年によっても変化するが，年々低下する傾向にある．これは標識放流が盛んになるにつれて標識魚に対する物珍しさが失われ，報告率が低下するためと考えられる[4]．

§4. 放流効果

4·1 標識放流再捕結果からの算定

各地先群の再捕結果から求めた各年の年齢別回収率と放流尾数（有効放流尾数*）から放流効果量を算定した．その結果，当県では1978～83年の6年間に約521万尾の有効種苗が放流され，1979～84年の6年間に約51トン（漁獲尾数では約20万尾）が回収されたことになる．これはこの間の累計漁獲量の22.9％にあたっている．

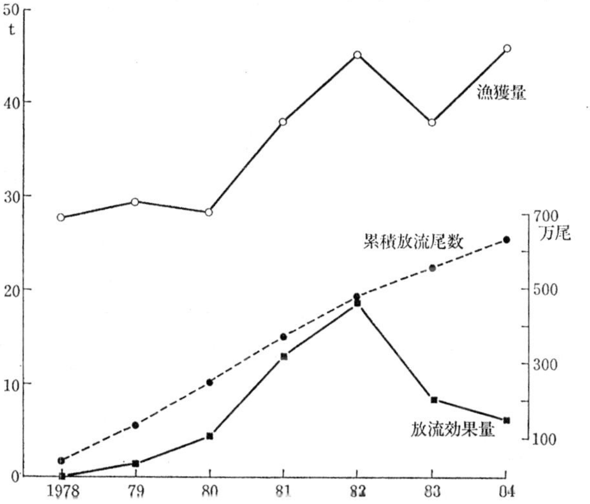

図 8·9 標識再捕から得た放流効果量と漁獲量

放流効果量は，経年的にみると図8·9のとおりで，1979～82年までは年々増大してきたが，83・84年には減少している．

毎年の放流尾数に大きな差もなく累積放流尾数が増大していることや放流魚の再捕期間が年々延びていること，さらにほとんど並行していた漁獲量と放流効果量の経年変化が1984年に大きな差が生じたことなどから，近年の効果量の減少は再捕報告率の低下による見かけ上の減少である可能性も考えられる[4]．

モデルケースとして，有効種苗を東京湾群へ20万尾，三浦半島西岸群へ60万尾，西湘群へ20万尾の合計，100万尾を放流すると，1～6歳魚の6年間放流の効果量は，東京湾群 9.9 トン，三浦半島西岸群 10.4 トン，西湘群4.1トンの計24.4トンと推定される[13]．

4·2 累積放流量と漁獲量の相関関係による算定

1978年以降における過去5年間の累積放流尾数（有効放流尾数X万尾）と県漁獲量（Yトン）との関係は図8·10のとおりで，累積放流量の増加に伴って漁獲量が増大する傾向がある．そして，その回帰式は

$$Y=27.3+0.037X \quad (r=0.89)$$

* 総放流尾数のうち尾叉長 4 cm 以上を有効放流尾数としている．

と求められた．

上記の回帰式より79〜84年の放流効果量を試算すると，79年 1.3 トン，80年 4.8 トン，81年 8.8 トン，82年 12.7 トン，83年 16.2 トン，84年 18.0 トンの累計 61.8 トンになる．

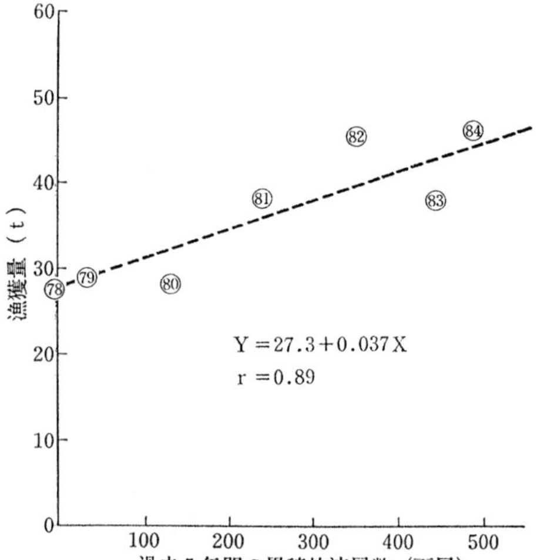

図 8·10　累積放流尾数と漁獲量との関係　○内の数字は西暦年号

天然魚の漁獲水準が近年変わらないとすると（少なくとも千葉県館山湾藻場でのマダイ稚魚の出現数は減少傾向にあり，1980年では74年の水準の1/10以下に減少している[18]），毎年100万尾を5年間継続放流（累積放流尾数は 500 万尾）すれば，約19トンの放流効果があることになる．

なおこの方法による推定では，近年マダイの多獲が問題となっている遊漁による釣獲分は含まれない．

4·3　漁獲量および年齢組成の変化にみられる放流効果

放流効果は漁獲量の経時変化や年齢組成（漁獲曲線）の変化に現われる．

西湘地区二宮町の定置網では，大量放流を行った翌年に，図 8·11 に示すよ

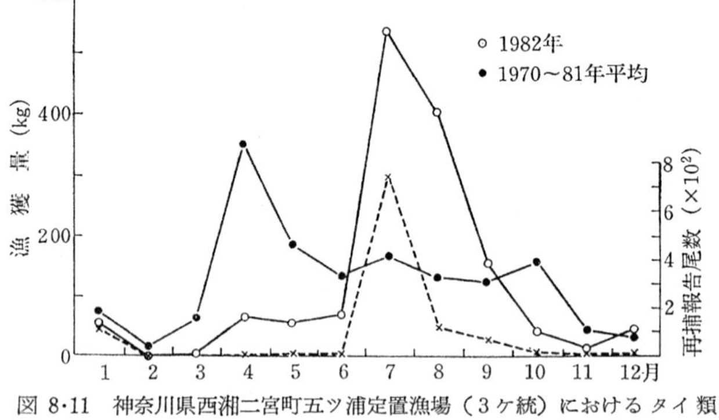

図 8·11　神奈川県西湘二宮町五ツ浦定置漁場（3ヶ統）におけるタイ類漁獲量の経月変化と1982年の再捕報告尾数（点線）

うに従来漁獲量の少ない時期に大量漁獲がみられた．この漁場の平均的なマダイ漁獲状況は，4月にピークがあって，5～10月には最盛期の約半分の漁獲量で推移し，11～3月にはほとんど漁獲がない．ところが，1982年7～9月には1歳魚を中心とした特異的な漁獲（3か月間で約1トン）があった．そして同時に，909尾の標識魚が再捕された[3]．漁獲の中心であった1歳魚は1981年放流群に相当し，この放流群の標識装着率*は0.14であることから，約6,500尾の放流魚がこの時期に再捕されたことになる．これを漁獲量に換算（平均体重130g）とすると約845kgとなり，漁獲の大半が放流魚であったものと考えられる．

次に，三浦半島西岸地区の横須賀市佐島における年級群別漁獲曲線を図8・12に示す[13]．ここでは，放流効果は若齢魚の多獲現象として現われている．

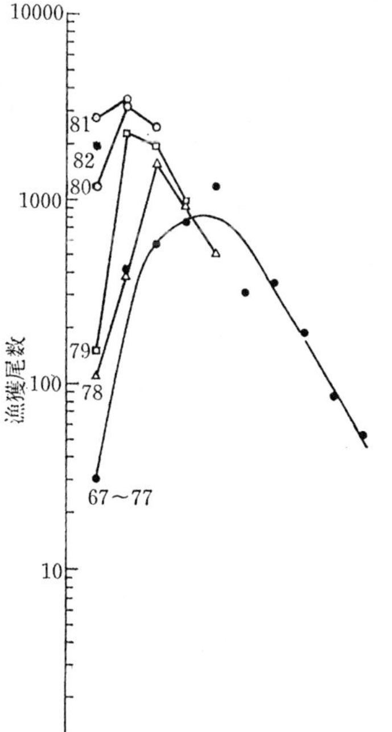

図 8・12 横須賀市佐島における年級群別漁獲曲線（数字は年級）

すなわち放流以前の1967～77年の平均的な漁獲曲線と比べて，78年級群の3歳魚，79年級群の2～3歳魚，そして，80年級群以後は1歳魚以上で漁獲増が顕著である．このことは，当地区の漁業形態にほとんど変化がないことから放流効果の現われとみられる．

このように放流効果が若齢魚の多獲現象として現われることは，一方では，より高い効果をあげるには若齢魚の漁獲管理の必要性を示唆しているといえよう．

4・4 経済効果

栽培漁業が経済的に成立するためには，放流魚の再捕による漁業収入（I）から総費用を差し引いた経済余剰（R）がプラスでなくてはならない．総費用の内訳は，放流種苗費用（C_s），再捕のための漁獲費用（C_1）および放流事業諸費用（C_2）である．

---

* 標識装着率＝$\frac{\text{標識装着放流尾数}}{\text{放流尾数}}$

これを式で表わすと，

$$R=I-(C_s+C_1+C_2)=P\times E-(Q\times n+P\times E\times S+C_2)>0$$

R：経済余剰

I：漁業収入（$=P\times E$）

C_s：種苗費用（$=Q\times n$）

C_1：再捕のための漁獲費用

C_2：放流事業諸費用（放流経費，調査費，普及啓蒙費など）

E：放流効果量

P：再捕魚平均単価

S：経費率（漁獲金額に対する漁業支出の割合）

n：放流尾数

Q：放流種苗生産単価

となる．

神奈川県での 5 cm サイズ 100 万尾生産時 の種苗生産単価は直接経費のみで約19円である．これと1984年までの平均回収率から試算した 100 万尾放流に対する効果量24.4トン（再生産による漁獲増加分は含まない）を用いて経済余剰を試算すると，

R＝400万円×24.4トン－(19円×100万尾＋300万円＋2,928万円)＝4,632万円

となった．

但し，P＝4,000円/kg，　E＝24.4トン，　S＝0.3（$C_1=P\times E\times 0.3$）

C_2＝300万円，　n＝100万尾，　Q＝19円/尾　とした．

より高い経済余剰を得るには，種苗生産費が小さい方が有利である．種苗の大量生産は，資源増大と種苗生産費のコスト低下の両面に有効である．回収率は放流魚の生残率と漁獲率の積であるので，放流技術の集積により生残率を高める必要があり，また漁獲率を高めるには放流魚を逸散させない方策も必要となる．そして，再捕魚平均個体重量を大きくするためには，若齢魚の漁獲を規制することも必要となる[19]．

§5.　放流効果を実証するための問題点

5·1　放流適地と最適放流数

各地先群内での放流効果を高め経済効果を実証するためには，少数分散放流よりも大量集中放流が望ましい．このための放流適地の選定にあたっては，放

流魚の生残率の高い場所で，しかも放流事業に熱心で再捕報告の多い漁協が近傍にあることが条件となる．

一般に放流数の増加に伴う放流魚の移動範囲の拡大に漁業がうまく対応しなければ，放流効果は目にみえにくくなる．大量集中放流といっても漁業の対応や環境収容力を無視した放流は考えられない．したがってそれぞれの放流場所における環境と，予想される漁業の対応に見合った最適放流数について検討する必要がある．

神奈川県の総放流数については，当面の目標漁獲量である60トンを達成するために必要な放流数が問題となる．現在の放流効果試算からでは，100万尾当たり約20トンの漁獲増が見込まれる．現状の天然魚由来の漁獲水準を約30トンと仮定すると，目標漁獲量を達成するには約150万尾の放流数が必要で，なお一層の種苗量産が望まれる．

5·2 放流効果量の算定

マダイの栽培漁業に対して，今日では受益者自らが実践する栽培漁業の定着化を図り，あわせて，放流事業を経済的に実証しようとする方向にあるが，最も基本となる放流効果量の算定において諸々の問題点が未解決である．効果算定方法は種々あるが，調査率の問題，標識脱落率や報告率などの不確定要因のため精度が不十分となる．したがって放流効果算定にあたってはいくつかの方法を併用することにより，その結果を比較検討し精度を高める必要がある．また，現状の資源特性値を的確に把握することは重要で，このため年齢別（銘柄別）の漁獲量統計を整備しておくことが重要である．また一方，迅速な効果算定法の開発も望まれる．

5·3 遊漁釣獲量

神奈川県では，放流魚は大きくなるにしたがい遊漁での再捕割合が増加する傾向にあり，また全体の釣獲量も相当量に達しているものと考えられている．例えば県下遊漁標本船40隻によるマダイ釣獲状況調査では，1983年7～12月に釣獲されたマダイは総計10,504尾で，平均体重は732gであった．したがって遊漁船40隻で約7.7トンを釣獲したことになる．これを県全体に引き延ばすと，漁業者の漁獲量と同量，あるいはそれ以上の釣獲量があるものと考えられている[13]．

遊漁者200万人以上といわれる当県での遊漁釣獲量は放流効果に対しても大きな比重を占めていると考えられるので，調査体制を整備して遊漁釣獲量の把握が必要である．

5·4　放流魚の保護管理

放流魚は放流直後から再捕される．特に底曳網や小型定置網などで当歳魚が大量に混獲される．当歳魚の再捕は放流魚の減耗要因になり，有効な放流数を減少させるにすぎない．また放流効果は1～3歳魚の若齢魚の多獲現象として現われている．

これらのことから，より高い放流効果をあげるためには，放流魚の保護，漁獲管理が必要である．しかし若齢魚の漁獲圧を低下させるには，漁家経営面の問題もあり，単に規制の通達を出すだけではすまない．漁家経営を考慮した漁業管理，保育礁などの造成，幼魚保護の啓蒙など，総合的な保護・管理対策が望まれる．

5·5　系群レベルの資源培養

種苗放流の当面の目標である地先群レベル，つまり1～3歳魚までの若齢魚については，一応の生産効果が見込まれるようになった．また，放流魚が再生産に関与し始めている傍証もある．

今後，生産効果を更に向上，安定させるためには再生産による増殖効果の期待できる系群レベルの資源培養技術が必要である．

そのためには放流資源の有効な利用方法，すなわち，資源特性値などの資源管理に関する知見の積み上げと，これらの知見を基礎とした技術体系の組み立てが必要である．特に，高齢魚の移動実態や産卵場への加入実態，再生産関係を明らかにすることが急務であろう．

文　献

1) 山下金義：マダイ．養魚学各論，恒星社厚生閣，東京，515～524 (1967).

2) 四竃安正：マダイ養殖研究の意味．とうきょうの理科，**26**，1～3 (1968).

3) 神奈川県水産試験場：昭和57年度回遊性魚類共同放流実験調査事業報告書，1～32 (1983).

4) 太平洋中区海域マダイ班：回遊性魚類共同放流実験調査事業総括報告書，1～15(1985)

5) 高間　浩：神奈川県における種苗放流．最新版つくる漁業，資源協会，東京，526～540 (1983).

6) 日本海中部海域マダイ班：種苗放流魚の生態と放流技術の今後の見通し．回遊性魚類共同放流実験調査事業総括報告書，25～38 (1985).

7) 神奈川県水産試験場：生息数の推定と滞留状況．昭和54年度放流技術開発事業報告書，20～23 (1980).

8) 大分県水産試験場：網仕切りによる育成．昭和50年度放流技術開発事業報告書，瀬戸内海西部海域マダイ班，14～26 (1976).

9) 静岡県水産試験場伊豆分場：中間育成．昭和54年度放流技術開発事業報告書，9～14 (1980).

10) 神奈川県水産試験場：0才魚の再捕結果．

昭和55年度回遊性魚類共同放流実験調査事業報告書，８～12（1981）.
11）高間　浩：アマモ場での葉上付着生物の組成と季節変化．神奈川水試研報，**1**，73～79（1980）.
12）高間　浩：大津湾における放流マダイの移動と分散．神奈川水試研報，**3**，57～65（1981）.
13）神奈川県水産試験場：昭和59年度回遊性魚類共同放流実験調査事業報告書，1～46（1985）.
14）神奈川県水産試験場：発育段階別分布生態．昭和48年度太平洋中区栽培漁業漁場資源生態調査報告書，8～27（1974）.
15）三尾真一：九州における沿岸魚類の資源生物学的研究Ⅳ，マダイの年令および成長．九大農学芸誌，**19**(4)，507～520（1962）.
16）神奈川県水産試験場：昭和56年度回遊性魚類共同放流実験調査事業報告書，1～37（1982）.
17）河尻正博・川合正憲：マダイ標識放流魚の３歳魚までの標識脱落率の推定．静岡水試研報，**18**，23～26（1983）.
18）石田　修・田中邦三・大場俊雄・田中種雄・目黒清美・庄司泰雄：館山湾及び勝山地先における魚類群集．千葉県水試研報，**43**，19～39（1985）.
19）清光照夫・岩崎寿男：水産資源の培養と栽培漁業．水産経済，恒星社厚生閣，東京，268～279（1982）.

9. 放流効果の算定をめぐる諸問題

松 宮 義 晴*

栽培漁業における放流効果の算定は，水産学における調査研究の困難さや難しさ[1] のすべてを包含し，水産資源学の研究と全く同様な問題点をもつ．放流魚を再捕する漁業は一つの経済行為の統一体として，独自の法則に基づいて進展しており，栽培漁業という放流事業とは同一の対応や歩調をとらない．効果算定のための正確な偏りのない情報は得にくい．社会や行政の要請や，事業の発達は悠長な研究結果を待っていない．水産学の実践と同様に，詳細な知識の完成を待たずに，現在の知見だけで数量的な予測や大雑把な算定（診断，目安）を要求される．

図9·1のように，水産資源学は天然資源に対する成魚の漁獲の影響を見積って，合理的な有効利用や適正漁獲量を算定するものである．一方，栽培漁業における放流効果の算定は幼稚魚を天然資源に添加して上積みの程度を見積るものである．行為や時期は正反対であるが，考え方や手法の基本は同一のものである．

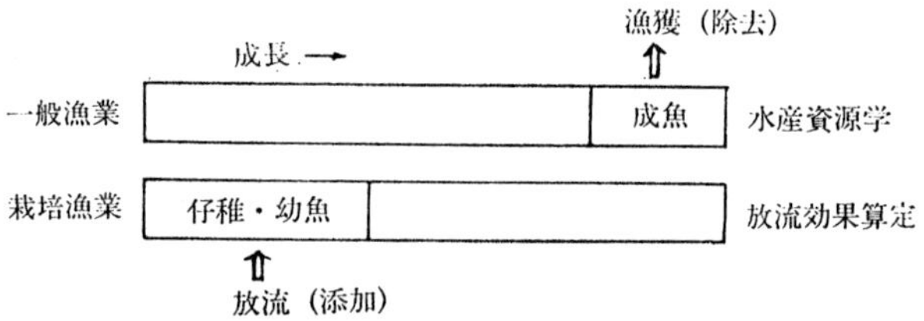

図 9·1　放流効果算定の位置づけ

今回とり挙げたマダイにおいては，貝類や一部の甲殻類とちがい移動が激しく，かなり沖合まで分布域や再生産の場を広げ，分布範囲を規定しにくい．また十分な商品価値になるまで2～3年程かかり，その後も継続して漁獲されるという算定上の困難さや短所をもつ．放流効果の正確な算定は栽培漁業の体制や技術が確立すれば，将来的には不必要になるものであるが，それまでは不可欠なかつ重要な課題である．

*　長崎大学水産学部

§1. 放流効果算定の目的

放流効果の算定は算定結果から得た知見を，(1)効果的放流方法（種苗の大きさ・数，放流の時期・場所など）の模索や検討（§6を参照），(2)資源の合理

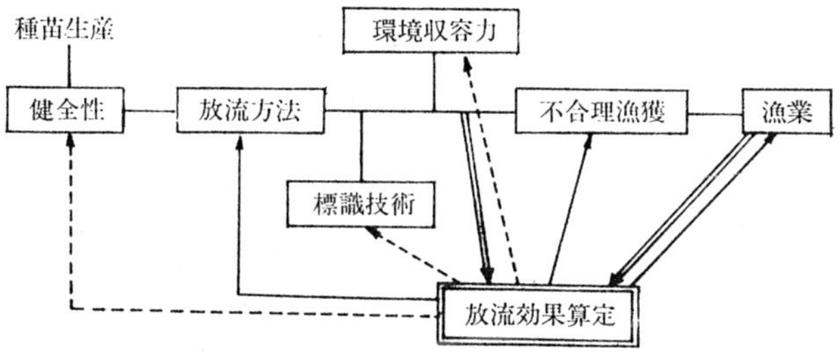

図 9·2 放流効果算定の目的

的利用（不合理漁獲の調整），(3)漁業管理（努力量の配置や制限）の実施，(4)その他，標識技術の改良，環境収容力や種苗の健全性の把握などにフィードバックすることが主目的である（図9·2）.

効果の算定手法は標識技術や再捕体制の種類など，他の多くの事項と深く関連している．これらの関連事項と有機的に交絡しながら，より適切な手法を模索しなければ正確な精度の高い算定結果は得られない．部分的事項の研究の遅れはそれ自体の問題のみならず，栽培漁業全体の推進を大幅に遅れさせる原因ともなり得る.

放流海域の漁業の実態把握は不可欠な要素である．一方，放流効果を見積る基礎資料を得る目的で，沿岸の調査が推進されている場合がある．この調査によって，一般の漁獲統計だけからは得られない詳細な資源特性値を推定できることがある．漁獲対象になるまでの未成魚の資源学的知見や漁獲統計資料が整備されていない地先漁業からの情報などが上記に該当する.

§2. 放流魚の識別

人工放流魚と天然魚の識別は，効果の算定に不可欠なもので，数多くの種類の標識方法が考案され，実用化されている．現在，マダイに用いられている手法は多種多様であり，体外標識票[2]（いわゆるタグピンなど）・鰭切除[3,4]・色素注入[5~7]・検鱗[8]・鰭軟条の変形[9]・鰭条数[10]・外部形態[11]・アクチバブルトレーサー[12]・アイソザイム[13]などがある．マダイの標識方法の現況と問題点については，九州西海・日本海西部海域マダイ班[14]に詳しい.

理想的な標識の条件としては，(1)標識の脱落がなく有効期間が長いこと，(2)魚体への影響がないこと，(3)発見識別が容易で個体識別が可能であること，(4)安価で装着が簡単で大量処理ができることが挙げられている．識別標識手法はその特徴によって，内部標識，外部標識，魚体にきずが残るもの，標識の永続性，個体識別が可能なもの，集団の確率として提示され個体ごとに誤差が伴うもの，漁業者でも識別可能なものなどに大別することができる．

表 9·1 に識別の手法別に標識の条件や特徴をまとめた．放流方法や再捕報告に合致した識別方法を選択する必要がある．また放流魚の装着率（＝標識装着尾数／放流尾数，全数に施すか一部にのみ装着するか）も全体の状況を鑑みた上で決定せねばならない．マダイ放流の主体である小型魚には，一般に腹鰭切除が用いられているが，施術に手間がかかる上，確実に識別可能な期間は約 2 か月が限度である[15]．他の方法にも多くの問題点や課題が残されており，特に小型種苗への有効な標識（識別）方法の開発が待望されている．

表 9·1　識別の手法別にまとめた標識の条件と特徴

条件／手法	脱落永続	影響負担	識別発見	装着処理	個体集団*1	内部外部*2
タグピン	×*3	×	◎*4	○	個	外
鰭切除*5	×	△	△	○	個	外
色素注入	○	△	△	×	個	外
検鱗	○	○	×	○	集	外
鰭変形	△	○	×	○	集	外
鰭条数	○	○	×	○	集	外
外部形態	△	○	×	○	集	外
アクチバブルトレーサー	○	○	×	×	個	内
アイソザイム	○	○	×	○	集	内

*1　識別の単位と確率；個は個体ごとに識別可能，集は集団の確率のみ判明
*2　内部標識か外部標識か
*3　脱落した痕跡のこる
*4　放流時と同じ個体を判別可能
*5　鰭抜去は永続性において優るが，処理において劣る
◎○△×は標識の条件の優→劣の程度

標識の脱落，発見や報告もれ，識別の不正確さは放流効果算定の精度を低め，大きな誤差を招く（§ 3を参照）．標識の影響による死亡率[16]，標識脱落率，標識魚の発見率そして報告率などを把握することは重要である．これらは標識の種類，魚体の大きさ，再捕報告体制・広報体制，褒賞謝礼品などで大きな差が生ずる．豊漁年ほど発見率が低く，放流事業の歴史に伴い報告率が低下

する傾向があること，再捕報告への謝礼品を変えたら報告率がよくなった例などが知られている．一般に，標識の脱落や再捕の報告もれはかなりの高率であると推定されている．標識魚と非標識魚のとられやすさ（vulnerability）の差異も重要な検討課題である．

§3. 放流効果の算定基準

算定基準には，一般に上積み漁獲量（天然魚に対する人工放流魚の割合），標識率や再捕率，これに報告率・発見率・調査率・脱落率・装着率を加味した混獲率や回収率を用いる．漁業からの再捕情報がない場合はその他，生残率・漁獲率・成長・移動分散[17]，生物量や伸び率（§6を参照）などを使用することもある．また，これらの効果や特性値の波及する地理的範囲を規定する必要がある．費用や価格を加味した経済的側面については§6と7で若干述べる．

本章で用いる資源学的用語は松宮[18]にしたがい，以下のように定義した．

$$\text{標識率}=\frac{\text{再捕尾数}}{\text{漁獲尾数}}$$

再捕尾数とは標識放流され再捕されたもの，漁獲尾数とは天然魚と再捕魚を含む全数である．

$$\text{再捕率}=\frac{\text{再捕尾数}}{\text{放流尾数}}$$

再捕調査の前までに，標識の影響による死亡がみとめられる場合，放流尾数×有効放流率＝有効放流尾数とする．

報告率，発見率，調査率，脱落率などのいずれかまたはすべてを考慮して補正する場合，

$$\text{混獲率}=\frac{\text{標識率}}{\text{報告率}\times\text{発見率}\times\text{調査率}\times(1-\text{脱落率})}$$

$$\text{回収率}=\frac{\text{再捕率}}{\text{報告率}\times\text{発見率}\times\text{調査率}\times(1-\text{脱落率})}$$

$$\text{報告率}=\frac{\text{報告された再捕尾数}}{\text{再捕尾数}}$$

一般漁業からの標識魚の再捕報告率である．

$$\text{発見率}=\frac{\text{発見された再捕尾数}}{\text{再捕尾数}}$$

標識の見のがしや痕跡魚と関連している．

$$\text{調査率}=\frac{\text{調査日数}}{\text{魚市場開設日数}}=\left(\frac{\text{調査尾数}}{\text{魚市場取扱尾数}}\right)$$

魚市場調査によって再捕情報を得る場合に用いる（標本日誌調査も同様）．

$$\text{脱落率}=\frac{\text{標識脱落尾数}}{\text{標識装着尾数}}$$

標識脱落率のこと（標識率と混同しないように，単に脱落率とする）．（標識）残存率＝1－脱落率 は生残率などと混乱しやすいため用いない方がよい．

混獲尾数＝漁獲尾数×混獲率

回収尾数＝放流尾数×回収率

放流魚の一部にのみ標識を装着する場合，

$$\text{装着率}=\frac{\text{標識装着尾数}}{\text{放流尾数}}$$

標識装着率のこと（標識率と混同しないように，単に装着率とする）．装着率を加味する場合，

$$\text{推定標識率}=\frac{\text{標識率}}{\text{装着率}},\quad \text{推定再捕率}=\frac{\text{再捕率}}{\text{装着率}},$$

$$\text{推定混獲率}=\frac{\text{混獲率}}{\text{装着率}},\quad \text{推定回収率}=\frac{\text{回収率}}{\text{装着率}}.$$

上記の式からわかるように，報告率と発見率および残存率が実際の真値のA倍に推定されたとすると，混獲尾数，回収尾数とも1/A倍となる．$A>1$ は過大推定，$A<1$ は過小推定に相当し，報告率，発見率，残存率のいずれか1つが2倍に過大推定されると，放流効果の基準となる混獲尾数と回収尾数は 1/2 倍に過小推定されることになる．また再捕された放流魚数を実際のB倍に誤識別すると，混獲尾数，回収尾数ともB倍となる．放流人工魚を天然魚と誤識別（$B<1$）することは，算定結果の過小推定に導かれる．

§4. 放流効果の算定方法

放流魚の識別の有無で大別し，さらに個々の手法別に特徴や運用上の留意点を列挙する．なお詳細については，いくつかの報告[19~21]や本書7～8章を参照されたい．

4·1 放流魚を識別しない方法

(1) 天然魚が生息しない場所や時期に放流

長所：効果が明確に判明．時期の異なる場合，体長によって天然魚と分離

できる．

短所：放流魚が定着できる条件があるか．季節の異なる種苗を供給できるか．生態系の破壊のおそれ．

必要なもの：試験操業

直接推定できるもの：各種の資源特性値

(2) 放流量と漁獲量の相関

長所：最も簡単

短所：精度悪い（みかけ上の相関あり）

必要なもの：漁獲量努力量統計の整備

直接推定できるもの：上積み漁獲量（混獲尾数）

(3) 漁獲量や年齢組成の経時変化

長所：簡単

短所：精度悪い（みかけ上の相関あり）

必要なもの：統計の整備，年齢組成の推定，毎年の加入量の把握．

直接推定できるもの：上積み漁獲量（混獲尾数）

マダイ天然当歳魚の加入量の年変動はかなり大きいことがわかってきた．例えば長崎県平戸島志々伎湾の10年間の調査では14倍に及ぶ[22]．上記の(2)(3)においては，加入量あたりの放流量とその年級の成長に伴う累積漁獲量との関係を検討するのが良法であろう（§5を参照）．この場合，毎年の加入量と年齢組成の精度の高い推定値が要求される．

4·2 放流魚を識別する方法

どこからどのような形で情報を得るかという，再捕報告体制に重点を置いて論拠した．

(1) 研究機関の試験操業による場合

漁業のない所や漁獲対象とならない若魚を調査する場合，研究機関による再捕体制をとらなければならない．

長所：実情にあった調査ができ，細部まで検討できる．報告率，発見率，調査率を考慮しなくてよい．識別がむずかしい標識も使用できる．

短所：人手や費用がかかる．成魚の大量漁獲は困難．

必要なもの：試験操業のための現地の協力(折衝)．放流方法，再捕漁具，再捕調査日，再捕定点の設置など調査目的や解析手法に適合した吟味．

直接推定できるもの：各種の資源特性値

(2)　漁業者からの再捕報告に頼る場合

漁業は効果算定のために活動しているわけではないので，情報の取扱いには十分留意する必要がある．

長所：広い範囲の多くの情報を得ることができる．遊漁者からの報告も得られる．

短所：識別の容易な標識しか使用できない．

必要なもの：報告率，発見率，脱落率の精査．再捕報告への謝礼品．

直接推定できるもの：各種の資源特性値（いくつかの重要な前提や仮定を吟味する必要あり）

(3)　魚市場調査による場合

調査機関の近くに，対象水域から広範囲にもれなく出荷する大きな魚市場がある場合，魚市場調査を主体とすることができる．7章鹿児島湾における事例の鹿児島市魚市場はその好例といえよう．

長所：標識の痕跡を鑑識し，脱落率を推算できる．報告率や発見率を考慮しなくてよい．体長などの測定も併行できる．

短所：自家販売や遊漁の情報は入らない．

必要なもの：調査率の精査（市場出荷や開設の状況）

直接推定できるもの：各種の資源特性値

(4)　漁業者に標本日誌を依頼する場合

長所：日常の漁業情報や海象・天候・生息環境などきめ細かに把握できる．自家販売者や遊漁者からの情報も入手可能．

短所：標本船抽出調査の偏りあり（熱心な腕のよい漁業者に依頼する例が多い）

必要なもの：発見率，調査率，脱落率の精査．日誌記帳への謝金．

直接推定できるもの：各種の資源特性値

再捕資料から各種の資源特性値が求まれば，等漁獲量曲線を描くことができ，漁獲加入年齢から最高年齢までの漁獲量（放流効果）も試算することができる．算定には，上記のいくつかの方法を組み合せて行うのが望ましい．また，ある方法で得られないものを，他の方法で補正する手順が精度を高める策として考えられている．唯一の方法に拠らずに，水域の実情に合った複数の手法を用いて，算定の精度を高める必要がある．

§5. マダイ幼魚採捕の成魚資源に及ぼす影響（実施例1）

幼魚採捕の成魚資源に及ぼす影響についての研究が実施されている．これらは栽培漁業における放流効果算定と丁度，裏腹の関係にある（図9·1）．ブリ（モジャコ）[23]では年齢組成・生残率の推定，発生年級群の追跡，親魚数および産卵数の推定，モジャコ採捕尾数と当歳魚の漁獲尾数の対比，ブリの生残過程より逆算推定したモジャコ発生量などから，幼魚採捕の影響は少ないと結論している．

近年マダイ養殖用種苗としての需要が高まり，九州北西域だけで多い年で2千万尾のマダイ幼魚が採捕されている[24]．ここでは松宮ら[25]による九州北部海域におけるマダイ成魚資源に及ぼす影響評価例を紹介する．

5·1 資料と方法

1）資料 九州北部海域の吾智網漁業に関する漁獲量努力量資料が比較的整っており，九州西の他の海域では所期の目的に耐えるだけの資料は得られなかった．このため検討範囲を九州北部水域に限り，福岡県（福吉，西浦，岐志，船越漁協，1969～74年），佐賀県(1969～74年)，長崎県(阿翁浦漁協，1972～74年）の吾智網漁業の季節別・体長銘柄別漁獲重量，九州西海域の県別・地域別幼魚採捕尾数および関係各県の農林水産統計年報を資料として用いた．また全減少係数（Z）を推定するため，長崎魚市場に水揚げされたマダイの台物統計（重量と尾数統計，1973～74年）を使用した．

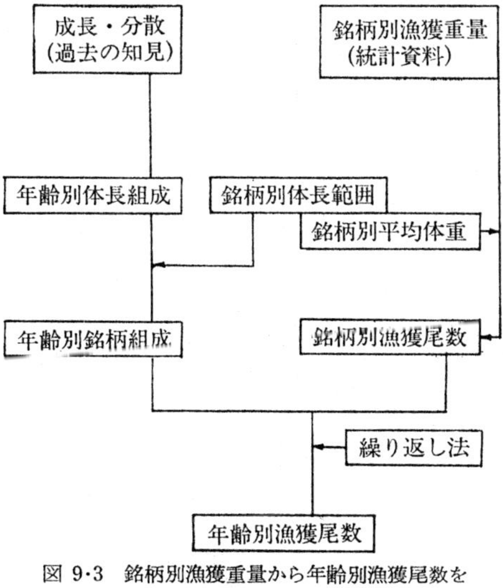

図 9·3 銘柄別漁獲重量から年齢別漁獲尾数を推定するためのフローダイヤグラム

2）計算方法 年級群ごとの累積漁獲尾数を計算するため，資料として得られた銘柄別重量から年齢別漁獲尾数を推定する必要がある．そのフローダイヤグラムは図9·3のようである．なお1年を1～3月，4～6月，7～9月，10～12月の4期に分けて計算を進めた．年齢別体長組成は年齢別平均体長（尾叉長）より，正規分布を仮定して求めた．

図9·3の繰り返し法[26]とは計算された年齢別銘柄組成と現実の銘柄別漁獲尾数とから，次々と中間的な Age- Category Key を作成し，その収束をまって年齢組成を求める方法である．いくつかのモデル計算によって実行可能であることが確められており，他の推定法に比べて長所・利点も多い．ここでは20回の繰り返し計算の結果を用いた．なお漁獲努力量と漁具性能には，はっきりした傾向的な経年変化はみとめられず，ここでは検討期間中一定であったと仮定して論を進める．

5·2 結 果

1）年級別漁獲尾数の推定　3つの県の資料より，1969～74年の年別に年齢別漁獲尾数を求めた．これらは九州北部海域の標本代表値とし，農林統計によって引きのばすことにより，標本の報告率の差異などの誤差を補正した．引きのばしは下式によった．

$$\text{各年の標本年齢別漁獲尾数} \times \frac{\text{農林統計の漁獲重量}}{\text{標本の全漁獲重量}}$$

期別・年齢別漁獲尾数を発生年級別に整理する場合，産卵が春に行われるので4～6月に年齢が1歳ふえるものとした．表9·2に発生年級別・年齢別漁獲尾数を示した．4歳以上は一括してある．漁業へ完全加入するのは1歳からである．表9·2の点線内は資料がないので，年別年齢組成などから求めた年齢比，0歳，1歳，2歳，3歳，4歳以上の順に 1：1：0.6：0.06：0.03，によって推定した．この方法によった場合，1965や1966年級のように高齢魚から推定した値は，1972や1973年級のように若齢魚から推定したものに比べて誤差が大きく，信頼性は低くなる．

2）農林統計と年齢組成からの直接推定　信頼性が低い1965～1967年級および1964年以前の年級群の変化を知るため，農林統計を用い年齢組成からの直接推定を実施した．これは補助的な資料であり，その手順は次のとおりである．(1)1969～74年の標本資料によって平均体重196gを求め，この値によって農林統計に示された重量を尾数に換算した．(2)諸資料から当時の年齢別尾数はおおよそ0歳30%，1歳40%，2歳20%，3歳以上10%と推定された．(3)以上より各年の年齢別漁獲尾数を求め，発生年級別にまとめた．

3）加入量指数の推定　表9·2の値を用いて加入量指数を推定した．年級別に各年齢（1歳～4歳以上）の尾数の対数を年齢に対してプロットすると図9·4のように，回帰直線のあてはめが有意となり，0歳時の尾数（●印）を求め，これを加入量指数（R′）とした．直線の傾きである全減少係数（Z）とと

表 9·2 発生年級別・年齢別漁獲尾数と特性値

年齢＼年級	1965	66	67	68	69	70	71	72	73	74	
0	5, 112	4, 779	3, 296	1, 473	3, 116	1, 982	921	2, 751	2, 171	4, 151*	×10^3
1	5, 112	4, 779	3, 296	1, 473	2, 713	2, 302	7, 073	3, 515	3, 605*	4, 151	
2	3, 068	2, 868	1, 978	3, 034	1, 891	1, 405	721	583*	2, 163	2, 491	
3	307	287	398	274	116	324	178*	58	216	249	
4 ～	153	215	98	132	67	61*	89	29	108	125	
合 計	13, 753	12, 928	9, 067	6, 385	7, 903	6, 073	8, 983	6, 936	8, 264	11, 168	
Z	1. 282	1. 161	1. 213	0. 964	1. 387	1. 238	1. 452	1. 668	1. 282	1. 282	1. 2929 (平均)
R′	229	175	148	71	144	111	201	157	161	186	×10^5
Y	92	57	48	594	719	474	1, 566	3, 271	3, 150	2, 350	×10^3
Y/R′	40	33	32	842	501	427	778	2, 081	1, 954	1, 267	×10^{-2}
R″	495	663	613	752	836	440	613	372	248	392	×10^3
Y/R″	19	9	8	79	86	107	256	879	1, 270	600	×10^{-4}

点線内の値は推定値，その他は計算値である．

Z ：全減少係数

R′ ：0 歳時推定加入尾数（加入量指数）

R″ ：前年の 3 歳以上の親魚尾数（加入量指数）

Y/R′, Y/R″：幼魚採捕影響指数

＊ ：1～3 月を除く値

もに表9·2に示した.

全減少係数（Z）の信頼度を長崎魚市場台物統計から，前述の繰り返し法によって求めた結果と比較検討した．年別に計算された全減少係数は，1973年1.012，1974年1.059となり，表9·2の値と近似しており，これらの値の信頼性が高いことを示唆している．

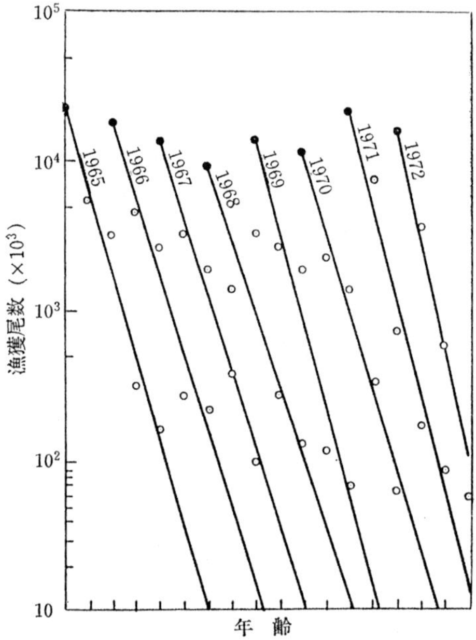

図 9·4　発生年級別の年齢組成（数字は年級，1965～72年級の一部を例示）

マダイについて再生産曲線を求めるのに十分な資料は得られていない現在，多くの問題はあるが，産卵量そして加入量は親魚量が多いほど多いと仮定すると，前年の親魚量も加入量指数の一つとして考えることができる．3歳魚以上を親魚として，加入量指数（R″）を求め，表9·2に併示した．

4）幼魚採捕の影響　幼魚採捕の影響は，幼魚を採捕した後のその年級群の累積漁獲尾数

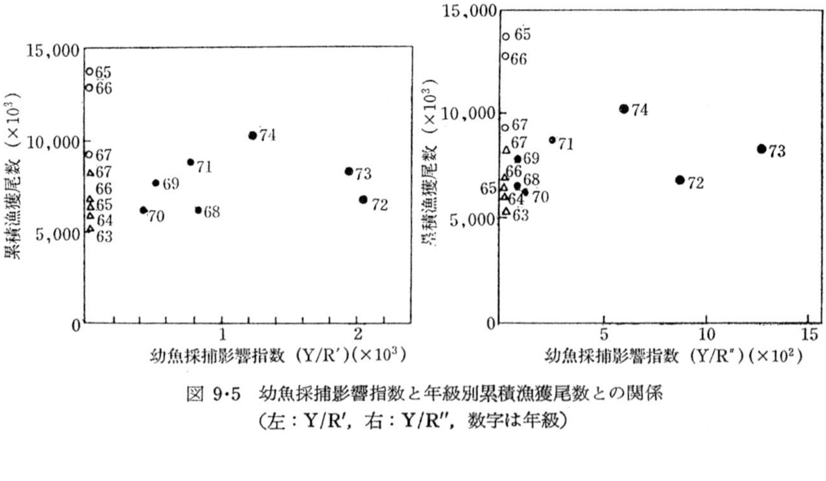

図 9·5　幼魚採捕影響指数と年級別累積漁獲尾数との関係
（左：Y/R′，右：Y/R″，数字は年級）

に表われると考えられる．そこで幼魚採捕尾数（Y）を加入量で除した値，幼魚採捕影響指数（Y/R′，Y/R″）を案出し，この値と累積漁獲尾数との相関関係を検討した（図 9·5）．加入量に大きな計算上の誤差が伴わなければ，幼魚採捕影響指数自体の誤差は小さい．

図 9·5 では，年齢組成推定の信頼度に応じて高いものから順に，●，◉，○と区別した．△印は 2）で述べた年齢組成から直接推定した値である．図上・下とも，各点はバラツキはあるが，幼魚採捕影響指数の変化とは無関係に分布しており，両者間に顕著な負の相関関係はみとめられない．つまり，少なくとも幼魚採捕の影響を積極的にみとめる根拠は導き出せない．

本章の主題である放流効果の算定には，上記の幼魚採捕尾数の代替に放流種苗数を用いればよく，相関関係（Ⅱの場合，効果あり）や回帰の状況から効果の程度を推し計ることができる．

§6. シミュレーションを用いたマダイ人工種苗の効果的放流方法の検討*（実施例 2）

マダイの栽培漁業において，効果的な放流方法の検討は重要課題である．放流効果算定の目的の一つに効果的放流方法の模索を挙げることができる．放流後のマダイの経時変化を表示するシミュレーションモデルを構築して，より効果的な結果を生ずる放流方法を検討した．環境収容力の存在や程度が放流方法に波及する影響についても考察した．シミュレーション法の内容（手順）や水産分野への応用については石井[27]，白木原[28]，嶋津[29]に詳しい．

6·1 モデルの概要

シミュレーションの概略を図 9·6 のフローダイヤグラムに示す．成長・生残・捕食の知見，放流時期（6～8 月）と放流場所の仮説的な適否および環境収容力の形状を数式化して，システムの構成要素とした．

モデルに対する入力は表 9·3 のような変数で，この 5 種類の変数の組合わせにより，最も効果的な放流方法が模索されるものとした．色々な放流方法の初期条件によって，放流人工魚の成長・生残それぞれに対する影響力が異なるという考え方に基づく．なお，マダイの生態学的知見の豊富な長崎県平戸島志々伎湾（面積約 10km²）を対象として，表 9·3 のような初期値や以下の各構成要素を設定した．

* 松宮義晴・大西修平：日本水産学会秋季大会（1985年10月，鹿児島）にて口頭発表．

影響を受けた成長量と生残率は時間の経過に伴って，加算・累積され，マダイの成長と生残は階段的なものとなる．影響の形態としては，初期条件あるいは新たな体長によって求められた相対比を，成長量と生残率の両方またはいずれか一方に掛けるという様式をとった．

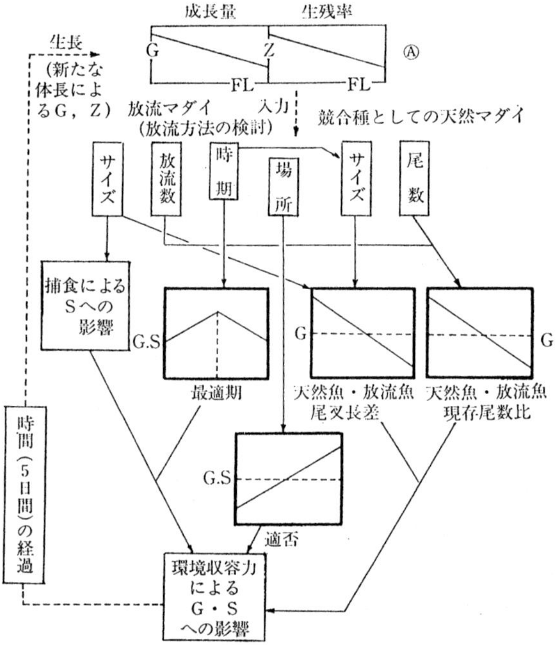

図 9·6 シミュレーションモデルの概要（G，Z，S，FL は本文参照）

表 9·3 放流方法と初期条件の値および良否

項　　　目	良否の基準*1 1	2	3
サイズ（mm）	30	60	90
放流場所（相対指数）	−1	0	+1
放　流　時　期	8月30日	7月15日	6月1日
放流尾数（$\times 10^4$ 尾）	2	4	6
天然魚数*2（$\times 10^4$尾）	15	10	5

*1　3が良，1が否
*2　放流時に放流海域に生息する天然マダイ当歳魚の現存尾数

5方法3条件の 243(＝3^5) 通りの放流方法を初期値として，放流マダイの生物量（生残尾数×体重）を5日刻みで9月末日まで計算した．9月末日の生物量および，それと放流時との比（伸び率），さらに経済効果を加味した生残単価指数（9月末日の生残尾数／放流尾数／種苗単価）を効果算定の判断基準として採用した．

表 9·4 相対比の種類と影響を受ける変数

相対比の種類	放流魚生残率（Y）	放流魚成長量（Y′）	天然魚成長量（Y′）	具体的関数
放流場所による影響 （X≧−1）	○	○	○	Y＝0.975＋0.0250X（−1≦X＜1） Y＝1.0（X≧1） Y′＝1.0＋0.1X（−1≦X＜1） Y′＝1.1（X≧1）
放流日による影響 （0≦X＜150；5月1日から放流日までの日数）	○	○		Y＝0.950＋0.000667X（0≦X＜75） Y＝1.050−0.000667X（75≦X＜150） Y′＝0.900＋0.00267X（0≦X＜75） Y′＝1.300−0.00267X（75≦X＜150）
尾叉長差による影響（放流サイズによる影響） （X＝天然魚*−放流魚：FL；mm）		○		Y′＝1.1（X＜−50） Y′＝1.0−0.002X（−50≦X＜50） Y′＝0.9（X≧50）
現存尾数比による影響（放流尾数による影響） （X＝天然魚尾数／放流魚尾数）		○		Y′＝1.1（X＜0.1） Y′＝1.0−0.1$\log_{10}$X（0.1≦X＜10） Y′＝0.9（X≧10）
捕食による影響 （FL；mm）	○			Y＝1.0（FL＜36, FL≧73） Y＝1.154−0.00427FL（36≦FL＜58） Y＝0.543＋0.00627FL（58≦FL＜73）

* 天然魚の放流日におけるサイズに FL(mm)＝49.26＋0.509T（7月9日を基準とした経過日数）による．以後の成長は放流魚と同一．

6·2 モデルの構成要素

任意の尾叉長（FL；mm）に対応する成長（G；mm/day）と生残（Z；1日あたり全減少係数）の関係は

$$G=0.927-0.00390FL$$
$$Z=0.0378-0.000267FL$$

とした（図9·6のA）．これらは回遊性魚類共同放流実験調査事業（1979～1984年度）および放流技術開発事業（1979年度）からの諸知見に拠った．

常識的な知見（傾向）や試行錯誤による感度分析により，各構成要素の具体的関数（各放流方法による影響）や影響を受ける変数を表9·4のように決定した．生残（S；$S=e^{-Z}$）に対する相対比Y，成長（G）に対する相対比Y′ともに計算間隔の5日当たりで，Xはそれぞれの影響に対応する．妥当な範囲としてYは0.95～1.00，Y′は0.9～1.1に設定した．捕食の影響（FLと関係）については，松宮ら[30]などによる捕食者の胃内容物調査から類推した．Yの範囲は0.906～1.0である．なお放流場所の適否による影響については，放流時の初期値から5日当たり0.025（単位なし）ずつ増加するよう規定した（マダイが徐々に良好な場所に移動することを意味する）．場所の適否の相対値が1以上になる場合は，1の値を継続するものとした．

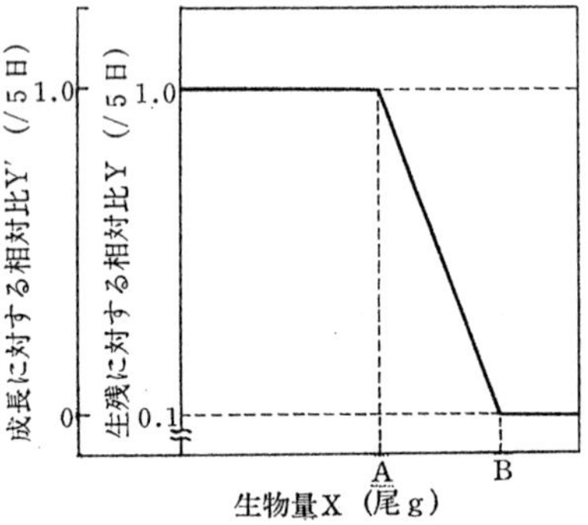

図 9·7　環境収容力の設定と影響

A=20	$\lvert\overline{AB}\rvert$=20
40	40
60	60×10^4(尾g)
80	
100	
120	
140	
160×10^4(尾g)	

6·3 環境収容力の設定と影響

マダイ天然魚と放流魚の現存生物量が，次の時期（5日刻み）の成長量と生残率に影響を及ぼすという環境収容力を仮設した．環境収容力の具体的表現には畔田ら[31]と松宮ら[32]の知見を参考とした．モデルの構造は単純化に重点を置き，現存生物量が特定の値に達するまでは，成長と生残は影響を受けず，特定の値を越えた場合に影響を受けるという設定をした．天然魚，放流魚ともに影響を受け，生残率に対する相対比Yは0.1～1.0，成長量に対する相対比Y′は0～1.0の範囲とした（図9·7）．

限界点Aは20万から160万まで20万尾

g 刻みで8通り，傾きについては AB 間の距離（$|\overline{AB}|$）を20万，40万，60万尾 g の3通り変化させ，8×3＝24 通りの環境収容力の形状を設定した（図 9·7）．なお環境収容力の単位は天然魚数×体重＋放流魚数×体重で，体重（BW；g）は尾叉長（FL；mm）から

$$BW=4.957\times10^{-6}\times FL^{3.3204}$$

によって換算した．

6·4 結　　果

243通りの初期条件について，9月末日の計算結果を3つの判断基準で検討した．9月末日の一つの判断基準の値を大きい順序に並び替え，その放流方法

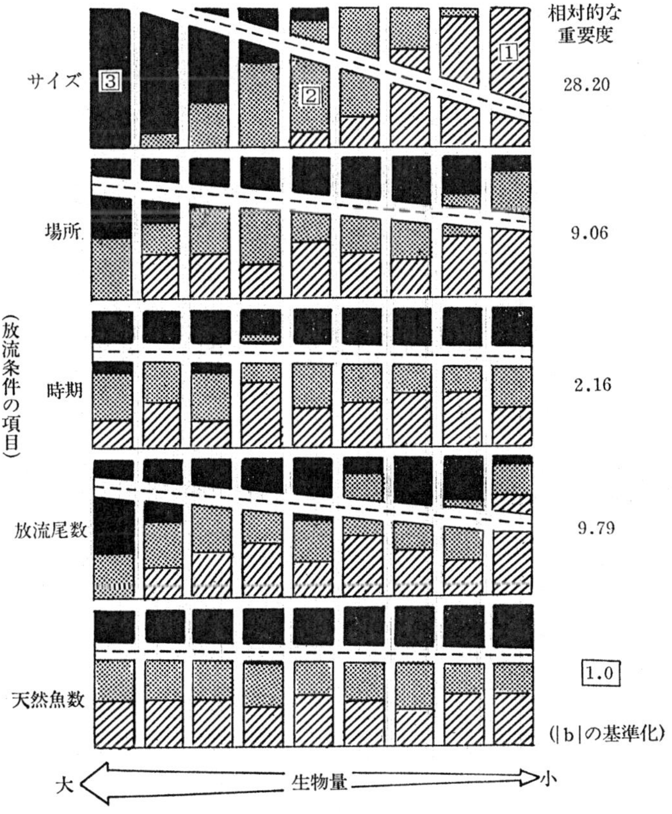

図 9·8 放流初期条件の良否と得られた生物量の関係
（3が良，1が否；点線は y＝a＋bx，本図の b はすべてマイナス）

の傾向を精査した．検討の便宜のため，放流項目毎に3·2·1（3が良，1が否）の良否尺度を初期条件に与えた（表9·3）．243個の計算結果を値の大きいものから順に27個ずつ9群にクラス分けし，放流項目の各クラスにどの程度良否尺度が含まれるか図示した（図9·8）．

次に判断基準の値の大きい方からの順序（1～243）をx，判断基準の良否尺度をyとし，一次回帰直線（y＝a＋bx）をあてはめ，その回帰係数bを求めた．この|b|は放流項目の良否が判断基準に寄与する度合の相対的な目安となる．さらに最も小さい|b|により，他の項目の|b|を除し，項目間の|b|の基準化を実施した．

1）生物量を判断基準とした場合　生物量を判断基準として，上記の手順に従って描かれたのが図9·8である．これから，放流サイズ・放流尾数・放流場所・放流時期・天然魚の数の順序に，放流方法の重要性は位置付けられる．特に放流サイズの重要性が卓越していることが示唆される．

環境収容力という構成要素を通し計算し，その影響を考察した．図9·7の$|\overline{AB}|$を60万尾gと固定し，限界点Aを20万～160万尾gとした場合の|b|の推移を図9·9に例示する（x軸の∞は環境収容力の設定のないことを意味する）．環境収容力の影響の増加に伴い，天然魚数と放流時期の重要性は増大し，放流場所と放流尾数の重要性は若干低下した．放流サイズの重要性は環境収容力の影響を受けにくく，放流サイズは最重視すべき項目であることが推察される．また影響が増加するに従い，放流項目間の重要度の格差が縮小する傾向がみられる．

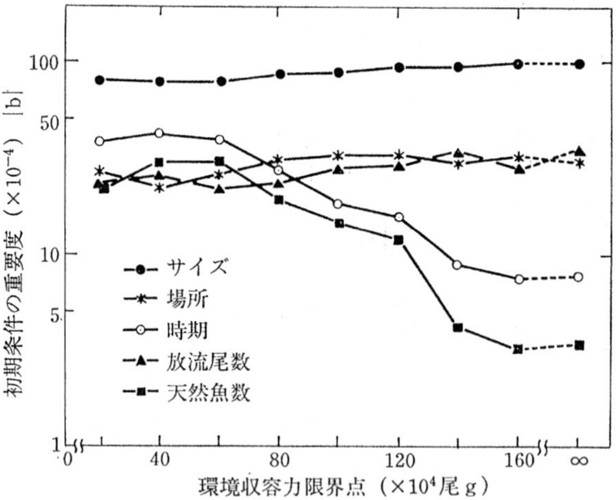

図 9·9　環境収容力設定後における限界点の変化に伴う初期条件の重要度の変化
（傾斜＝60×10^4尾g）

2）伸び率を判断基準とした場合
伸び率を基準とすると，伸び率が2以上になるのは243通りのうち20通りの初期条件で，これらの放流場所はすべて +1（良否基準 3，表 9·3）であった．他の放流項目の良否は適当に交絡していた．一つの項目だけ良否基準を下げるなどの各種の模索からも，放流場所の適否が重要な要素であることがうかがい知れた．

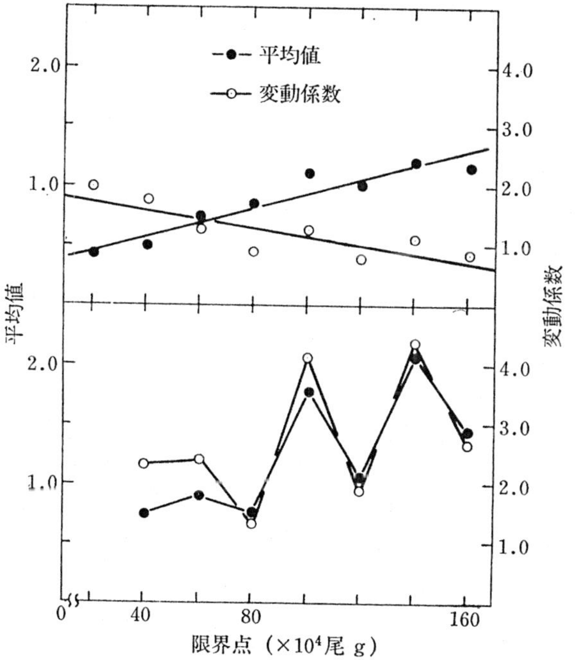

図 9·10　限界点と傾斜の変化に伴う243通りの伸び率の平均値および変動係数
上：傾斜　60×10^4 尾 g　下：傾斜　20×10^4 尾 g

$|\overline{AB}|$ が20万と60万尾 g である環境収容力の影響を受けた場合の，243 通りの伸び率の平均値と変動係数を限界点Aの変化とともに図9·10に示した．$|\overline{AB}|$ が20万尾 g（図下）の場合，平均値と変動係数は同じ動きをするが，顕著な傾向はみいだせない．60万尾 g（図上）の場合，環境収容力の影響の増加にしたがい（限界点が小さくなる），伸び率の平均値は減少し，逆にこの 243 通りのデータ間のバラツキ（変動係数）は増大した．これは放流項目の組合せによって，伸び率の差異が大きくなることを示している．

3）生残単価指数を基準とした場合　経済効果を加味した生残単価指数（9 月末日の生残尾数／放流尾数／種苗単価）を判断基準として，図 9·8 を経由して図 9·9 と同様に描かれたのが図 9·11 である．種苗単価はほぼ一般的である 1 mm 1 円，即ち放流サイズと同じ値とした（例えば，30mmの場合30円）．なお回帰係数 b の一部が最大 10^{-2} に近い正の値をとるため，図 9·11 のたて軸（初期条件の重要度）は $10^{-2}-b$ とした．

環境収容力の設定がない場合（x 軸の∞），放流時期の重要性だけが極端に小さく，他の重要度は似通っている（放流場所・放流サイズ・放流尾数・天然

魚の数の順序). 環境収容力の影響の増加に伴い, 時期の重要性は急激に増大し, サイズと尾数の重要性はやや低下した (図 9·11, $|\overline{AB}|$ は60万尾g).

栽培漁業の採算性について若干検討した.

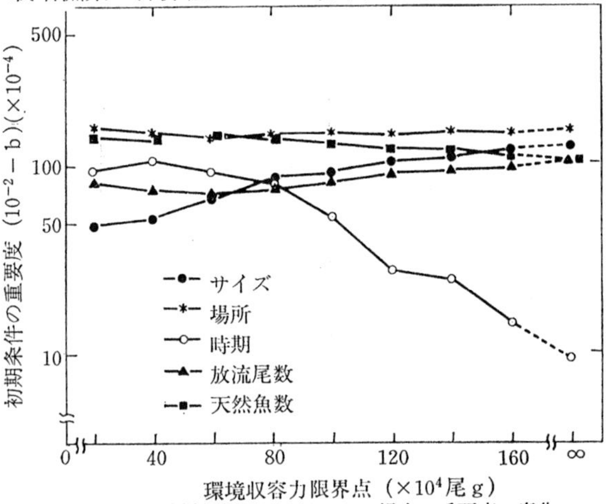

図 9·11 生残単価指数を基準とした場合の重要度の変化

$$\frac{Pi \times N \times e^{-z \times i}}{Q \times R}$$

ただし, Nは9月末日の生残尾数, Piはi歳魚の販売価格, Qは放流種苗単価 (1mmにつき1円), Rは放流尾数である. 9月末日以降の全減少係数Zは一定で Z=1.2929 (表9·2の平均), 販売価格*は1歳魚456円, 2歳魚1,444円, 3歳魚2,888円とした. なお, 1歳または2歳または3歳の時点で, 生残しているマダイはすべてが漁獲されるものと仮定した. 243通りの放流方法の計算結果について, 上式の値はすべて1未満となり, 本研究のような設定・状況ではどれも採算にあわないことが判明した.

採算があうための最低基準 (上式の値が1以上) には, 環境収容力の影響がない場合, 販売価格を1歳魚では5.6倍 (範囲 1.2〜30.6), 2歳魚では6.4倍 (1.4〜35.2), 3歳魚では11.7倍 (2.6〜64.1) にする必要がある. なお, 種苗単価を5.6分の1や11.7分の1に低減することも同意である. 環境収容力の影響は採算性にとって, より厳しいものとなり, 限界点A20万尾g, $|\overline{AB}|$ 40万尾gの環境収容力 (図9·7) を例示すると, この販売価格に必要な倍率は1歳魚20.2倍 (2.7〜88.6), 2歳魚23.3倍 (3.1〜102.0), 3歳魚42.4倍 (5.6〜185.8) にはね上がる.

5項目の放流方法の初期条件を説明変数, 生物量・伸び率・生残単価指数の3つの判断基準値のいずれかを目的変数とした重回帰分析を実施した. 重回帰式の標準回帰係数は各放流項目の重要度を示す相対指数と考えられ, 基準のち

* つくる漁業 (最新版), 資源協会, 1983, p. 538より

がいや環境収容力の設定による，重要度の増減の方向や度合を把握することにより，放流方法の総合評価を試みることもできる．

シミュレーション法により，効果的放流方法に関する決定的な法則性を見い出すことは困難である．原案としたモデルの妥当性やシステム内部の因果関係の信頼性によって，応答に対する解釈が変化するからである．§6の例は，モデルにおける最良の利用可能な定量的（数量化された）知見に基づいた数値的な再現とその動態であり，出力は一つの場合として考え得る一つの挙動としか評価されない．出力結果を汎用性のあるものとして重視するためには，(1)モデルの挙動を追求して，重点検討課題や模索方向への示唆を得ること，(2)未知の多くは不正確な知見や，仮定を導入した構成要素に関する研究を推進させることが不可欠といえよう．

§7. 今後の課題

今後の検討課題については各項目の中でもふれたが，ここではその他の問題点について簡単にふれてみたい．詳細はいくつかの成果[20,21]や本書別章7～8章を参照されたい．

経済効果に関しては，種苗生産単価や再捕魚販売価格を求め，場合によっては漁業経費や放流事業費も加味して，事業効率と種苗単価あるいは回収率と種苗単価との関係を検討した数例がみられる．栽培漁業とは水産学に適用した一つの大きな事業と位置付けることもできる．経済効果（経済的側面）の検討は，合理的な受益者負担とも連携し，ひいては栽培漁業そのものの成否やその担い手の所在に深く関連する重要課題といえよう．

遊漁による再捕量の把握（特に大都市周辺），天然資源の年変動の把握，種苗生産側でなく放流側主導の放流実験調査も推進すべきである．今後は，再生産を期待した増殖効果や，放流が天然資源や自然群集へ与える影響も精査する必要があろう．理論的には，4·1の相関法から4·2の再捕法で求めた放流効果量を差し引いたものが，再生産分から天然魚への影響を差し引いたものに相当する*．

放流効果算定の精度を高めることはむろんのこと，そのためには漁業者の啓蒙，資源研究者の積極的参加，研究組織の交流，資源学的用語の統一も必要で

* 相関法の資料が短期間の場合は，天然魚に対する影響（駆逐や漁獲圧の減少など）のみ推定できる．

あろう．資源特性値や年齢組成の推定において，単一漁業から多種漁業へ，あるいは単一漁協から県全体の一定海域へひきのばす場合の誤差の見積りも課題として残されている．将来的には，例えば放流量と一部の海域の漁獲量だけから，簡易で正確な放流効果算定ができるような方策の確立が期待されている．効果算定調査の設計（例えば標識放流尾数や漁獲尾数の目安）など，放流から効果判定までの一連の数量的取扱いには鳥取県水産試験場[33]がよい参考となる．

文　献

1）松宮義晴：水産生物の数を知る方法—陸上動物との差異—．個体群生態学会会報，**34**，1～10（1981）．

2）高間　浩：マダイの標識方法としてのタグピンの有効性について．神奈川水試研報，**6**，1～5（1984）．

3）立石　賢・田代征秋・北島　力・岩本　浩：マダイ小型種苗の腹鰭切除による標識．長崎水試研報，**7**，1～6（1981）．

4）立石　賢・塚島康生・森　勇・北島　力：マダイ種苗の鰭切除による標識．長崎水試研報，**10**，27～33（1984）．

5）増村和彦・佐藤正明：マダイの標識方法について．栽培技研，**3**(1)，1～7（1974）．

6）谷口順彦・溝渕勝宜：幼稚魚期マダイのイカ墨汁による標識法について．栽培技研，**7**(2)，47～50（1978）．

7）山田梅芳・木曽克裕：小型魚に対する標識方法の検討．底魚資源調査研究連絡，西海区水産研究所底魚資源部，**72**，83～92（1979）．

8）千葉県水産試験場：魚鱗の観察について．昭和57年度回遊性魚類共同放流実験調査事業報告書，太平洋中区海域マダイ班，23～25（1983）．

9）島根県栽培漁業センター：胸鰭軟条の再生痕による人工魚識別に関する調査．昭和58年度九州西海・日本海西部回遊性魚類共同放流実験調査事業マダイ共同報告書，26～29（1984）．

10）長崎県水産試験場：胸鰭条数による放流魚の識別．昭和59年度同上，13～17（1985）．

11）松宮義晴・金丸彦一郎・岡　正雄・立石　賢：判別関数を用いた外部形態によるマダイ人工放流魚と天然当歳魚の識別．日水誌，**50**(7)，1179～1185（1984）．

12）加藤　守・渋谷政夫・結田康一・大滝高明・増村和彦：魚類に対するアクチバブル・トレーサーの応用技術の開発研究(4)．昭和56年度原子力研究成果，9pp.，遠洋水産研究所（1982）．

13）谷口順彦・岡田容典：マダイの生化学的多型に関する遺伝学的研究．日水誌，**46**(4)，437～443（1980）．

14）九州西海・日本海西部海域マダイ班：標識技術．回遊性魚類共同放流実験調査事業総合報告書，25～35（1985）．

15）松宮義晴・大塚　卓：マダイ種苗の腹鰭切除標識の有効性．魚類研究会報，西海区ブロック浅海開発会議，**3**，45～51（1985）．

16）内野　憲・船田秀之助：標識装着によるマダイ種苗の放流後初期の減耗について．京都海洋センター研報，**8**，1～7（1984）．

17）松宮義晴：栽培漁業における数量的取扱い．魚類研究会報，西海区ブロック浅海開発会議，**1**，81～88（1983）．

18）松宮義晴：栽培漁業における資源学的用語の統一について．同上，**2**，37～38(1984)．

19）松宮義晴：沿岸水産生物の資源評価．水産資源の解析と評価（石井丈夫編），恒星社厚生閣，東京，115～129（1983）．

20）太平洋中区海域マダイ班：放流効果．回遊性魚類共同放流実験調査事業総括報告書，33～44（1985）．

21）日本海中部海域マダイ班：マダイ種苗放流効果について．同上，39～51（1985）．

22）松宮義晴・今井昌之・畔田正格・首藤宏幸：志々伎湾におけるマダイ幼稚魚期の生態学的研究—XXVIII　マダイ当歳魚資源量とマアナゴによる捕食量の年変動．昭和60年度日本水産学会春季大会講演要旨集，p. 25（1985）．

23）土井長之：ブリ成魚の漁獲統計調査とその資源学的解析．モジャコ採捕のブリ資源に及ぼす影響に関する研究，農林水産技術会議研究成果，**30**，100～129（1967）．

24）大内康敬：マダイ幼魚の生態及び漁獲変動に関する研究．福岡県福岡水試特別研報，29pp．（1985）

25）松宮義晴・桑原賢也・真子　渺・岸田周三：マダイ養殖業が自然資源に与える影響　マダイ幼魚期（幼魚採捕の影響）．資源培養方式開発のための沿岸域における若令期タイ類補給機構に関する研究，農林水産技術会議研究成果，**129**，211～222（1980）．

26）真子　渺・松宮義晴：銘柄組成による年齢組成推定法・西水研報，**50**，1～8（1977）．

27）石井丈夫：シミュレーション法による水産資源パラメータの推定について．海洋科学，**6**(1)，28～33（1974）．

28）白木原国雄：シミュレーション法．水産資源の解析と評価（石井丈夫編），恒星社厚生閣，東京，46～58（1983）．

29）嶋津靖彦：生態系モデルへのアプローチ．漁業資源研究会議　西日本底魚部会報，**13**，89～101（1985）．

30）松宮義晴・木下　泉・岡　正雄：志々伎湾における魚食性底魚類の胃内容物調査．西水研報，**54**，333～342（1980）．

31）畔田正格・池本麗子・東　幹夫：志々伎湾における底生生活期マダイ当歳魚の分布と成長．西水研報，**54**，259～278（1980）．

32）松宮義晴・遠藤義文・畔田正格：志々伎湾におけるマダイ当歳魚の資源量推定．西水研報，**54**，315～320（1980）．

33）鳥取県水産試験場：ばい放流技術開発試験（昭和50～53年度総括）．104pp（1979）．

質疑応答と総合討論

座長　北島　力（長崎水試）・田中　克（京大農）
浅見忠彦（西海水研）・松宮義晴（長大水）
立石　賢（長崎水試）・平山和次（長大水）

（[　]のコードについてはまえがき参照のこと．一部は省略した．）

［I－1］

平田八郎（鹿大水）　現状での種苗量産の数的評価と今後の展望は．

福所邦彦（養殖研）　一応の目安として，1県1年当たり1千万尾を安定してつくる技術を確立すべきではないだろうか．

北島　力（長崎水試）　種苗生産技術の中に魚病に関する知見が欠落しているように思えるが．

福所　稚仔魚の疾病の問題はほとんど研究されていない．今後は魚病研究者との共同研究が必要不可欠と思う．

田中　克（京大農）　健苗を育成する上で，良質の卵を得ることが重要と考えられる．放流用種苗の生産という点で，早期採卵はどのような意味をもつのか．

福所　早期採卵は養殖用種苗を早く確保するために実施されており，放流用種苗（天然の稚仔魚出現時期にあわせた放流を目的とした）にとっての位置づけは今後の検討課題である．

［I－2］

松宮義晴（長大水）　放流技術では，異なる種苗を異なる場所や異なるサイズで放流する場合，健全（苗）の程度がわからなければ，放流結果の比較算定ができない．放流用としての種苗の良否を簡便に正確に検定する手法はないのか．

北島　7 mm 未満の種苗は5秒間空気中にさらし，その後の生残率で健苗性を判定している．健苗性の基準や検定方法は将来の課題である．人工種苗は天然魚と比べて弱い．その原因としては①餌料による体成分の差，②運動量の差，③遺伝，④淘汰圧の差，などが考えられる．

［I－3］

平山和次（長大水）　無意識選択が働かないように心がけるとはどういうことか．

谷口順彦（高知大農）　種苗生産の作業能率だけを考えていると，早熟性や成長度などで変化を起こす可能性があるので注意したいということである．科学的に証明されたデータはない．

北島　採卵親魚の雌雄比で，雄が多い場合はどうなるか．

谷口　産卵促進上，雄を多く収容することが必要ならばやむを得ない．有効親魚数は見かけの親魚数に比べれば，かなり少なくなることを熟知していてほしい．

［II－1］

福田富男（岡山水試）　マダイ稚仔魚期の胃内容物はクロダイと酷似しているが，ワレカラが出現しない点が異なる．生息域にワレカラがいないのか．

田中（克）　志々伎湾のマダイは砂底域を主生息場としているため，ワレカラの占める割合は少ない．ただし密度が高く，アマモ場に生息場を広げた場合には，ワレカラも重要な餌生物となる．

木下　泉（西日本科技研）　マダイ浮遊期稚魚はヒラメやクロダイのように汀線付近までこないのはなぜか．

田中（克）　遊泳力の未発達な異体類は潮汐を利用して接岸する．タイ型魚類は変態期に自律的に接岸すると想定され，表層性の強い種ほど岸近くまで接岸する傾向がみられる．詳細な原因は不明である．

木島明博（高知大農）　浮遊稚魚の志々伎湾内への出現様式はパッチ状を形成するのか．

田中（克）　条件によってはパッチ形成の可能性もあるが，詳細は今後の調査研究を待ちたい．

鶴田義成（東海水研）　湾奥部に1歳魚が多い時は，当歳魚の分布はどのようであるか．

田中（克）　成育場の中心である湾奥部に加入できず，湾口など周辺部に押しやられていたのではないかと推察される．

［Ⅱ-2］

平井明夫（東京久栄）　新宮水域に出現するマダイ幼魚量の年変動は，周辺海域と対応するのか．

大内康敬（福岡水域）　佐賀や山口とは比較的対応するが，長崎とは必ずしも一致しない．

浅見忠彦（西海水研）　マダイ幼魚が，特に新宮水域に大量に集積される機構は何か．

大内　海流びん調査によると，筑前海域内ばかりでなく，五島周辺で投入したものも漂着する．広範囲な産卵場からの輸送が考えられる．

赤崎正人（宮崎大農）　新宮水域の海底状況と吾智網の操業水深はどのくらいか．

大内　大部分は中～粗砂域で，10m以浅には帯状にアジモ場がみられる．マダイ幼魚は主に20m以浅で採捕される．

［Ⅱ-3］

白木原国雄（水大校）　志々伎湾のマダイ当歳魚は一つの個体群とみなすことができる．環境収容力の具体的内容はなにか．

畔田正格（水産庁）　ここでの環境収容力はマダイ若魚が志々伎湾の一等地にどのくらい生息できるかという意味で，将来の資源培養のためには全発育段階の値が必要である．単位を個体数だけでなく，単位面積あたりの重量で示すことも必要と思う．

［Ⅲ-1］

平山　標識の脱落の非常に大きいことに驚いた．その原因と防止策はどうか．

椎原久幸（鹿児島水試）　20万尾以上の大量標識作業中の粗雑な取扱い方に起因している可能性が大きい．標識が脱落しても痕跡が残るので，効果算定には支障がない．

［Ⅲ-2］

日高　健（福岡水試）　放流再捕魚の成熟状態と再生産に関与する放流尾数の程度はどのくらいか．

高間　浩（神奈川水試）　生殖腺熟度指数からみると，再捕魚の成熟年齢は2歳からで，3歳魚以上の多くは再生産に関与する．漁獲状況によって親魚まで生残する量は変化するので，一概に何万尾とはいえない．

［Ⅲ-3］

浅見　鹿児島湾では必要尾数以上に標識放流しているというが，それは漁業者への啓蒙のためか．

松宮　漁業者や遊漁者が放流効果を実感として受けとめるために，大量の標識放流を実施している（8. を参照）．ここで示した必要尾数は，ある1時期の推定のための試算である．細分したそれぞれの期間中に適切な精度を得るためには，全体としては相当大きな数が必要となる．

松田恵明（鹿大水）　不合理漁獲の対策と成功例はどうか．

松宮　十分に成功しているとはいえないが，禁漁区・期，禁漁サイズを設定（鹿児島），採捕尾数を制限（福岡），幼魚採捕禁止（長崎）などが挙げられる．

総 合 討 論

（問題点や課題は個々の質疑応答にも挙げられているが，ここでは以下のように3つに大別して議論を進めた）

1. 放流種苗の育成

・量的問題として放流規模，質的問題として健苗性の考え方

・放流種苗の育成は，現在の種苗生産技術改善の延長線上にあるのか新たな考え方が必要か．

・放流種苗の育成における中間育成の位置づけ（天然への馴化を含む）

・放流側から種苗生産側への要望

北島　放流用種苗は天然魚を見本とし，天然魚の諸形質に限りなく近づけることを目標にする必要がある．

藤田征作（鹿児島栽漁セ）　魚肉の代用として配合飼料だけでの生産を完成している．種苗の体成分は餌料に由来するので，天然魚の餌料（コペポーダなど）の成分を参考とした配合飼料をつくるとよい．

立石　賢（長崎水試）　大量放流には中間育成技術の開発改良が必要であり，それが天然魚を目標とする健苗の生産につながる．さしあたりは，生残率の高いものを健苗の目標としてはどうか．囲網試験や食害調査から，生残率低下には食害の影響が大きいと思う．

清水　誠（東大農）　ストレスに強いのが健苗とすると，捕食魚にさらすことも一案である．放射線や水銀にあてると見かけ上は変化がなくても，捕食されやすくなるという実験がある．

高間　放流側からは，体成分よりも生態的に天然魚に近づける努力を望む．神奈川県の当面の目標には，年当たり150万尾の有効種苗（4cm以上）が必要である．

2. 放流技術の問題

・具体的放流事例における問題点

・種苗の大量放流に伴う天然群への影響

・放流効果算定に関する問題

椎原　鹿児島湾では①中間育成・放流方式の再検討，②海域による放流効果の差，③漁業者と遊漁者の相互理解による栽培漁業のあり方が，問題点として挙げられる．天然資源が多い年には，放流魚による天然魚の駆逐現象も考え得るが，少ない年

には放流添加の効果は大きい．

古澤　徹（日栽協）　瀬戸内海における不合理漁獲を回避するために，遅い12月の放流を実施してきたが効果は小さかった．現在は健苗性，具体的な放流方法，場所の選定を優先して，不合理漁獲に対処している．

田中昌一（東大海洋研）　栽培漁業の中での水産資源学の重要性を痛感した．標識放流の重要性も再認識したが，方法の開発改良が必須と思う．非常に高い脱落率の値を正確に推定しておく必要があろう．

3.　資源培養の基本問題・将来展望

・遺伝的な問題
・ふやせる限界（環境収容力）
・資源管理の問題
・再生産を展望した資源培養の可能性
・地域性を生かした培養方式の確立

赤崎　長崎水試では放流魚の胸鰭14条を天然魚（15条）との識別形質にしているという．15条はインド太平洋，14条は大西洋産のタイの特殊である．このような形質の発現について，今後追究してほしい．

畔田　マダイの生活様式の幅広さ，群集内での生態的優位性からみて，方法を熟慮すれば資源培養は十分見込めるし，実証されている．マダイは個体群を調節する機能をもっており，環境収容力を考慮した資源培養戦略を練る必要がある．

松田　漁協が遊漁者を規制できないと真の資源管理型漁業はできないのではないか．海面の漁協の役割りを見直す時期にきているのではないかと思う．

田中(昌)　放流効果には放流魚の回収だけでなく，再生産への寄与も考慮し目的としなければならない．その算定は困難であるが，基本的にはまず，天然資源における親子関係を明らかにしておく必要がある．漁獲規制による天然親魚増もその効果と費用（損失）との比較検討を試みる価値がある．

田中(昌)・平田・藤田矢郎(東水大)**・矢野　実**（西海水研）　栽培漁業の展望について，適した条件のもとで適した技術で，あるいは適地適作で実施した時は素晴しい結果が得られると確信する．

水産学シリーズ〔59〕

マダイの資源培養技術

Sea Farming Technology of Red Sea Bream

昭和61年4月15日発行

編　者　田　中　　克
　　　　松　宮　義　晴

監　修　社団法人　日本水産学会

〒108　東京都港区港南4—5—7
東京水産大学内

発行所　〒160
東京都新宿区三栄町8
振替（東京）0-59600
Tel（359）7371-5
株式会社　恒星社厚生閣

水産学シリーズ〔59〕
マダイの資源培養技術（オンデマンド版）

Digital Publishing

2007年10月1日　発行

編　者　　田中　克・松宮　義晴
監　修　　社団法人 日本水産学会
〒108-8477　東京都港区港南 4-5-7
東京海洋大学内

発行所　　株式会社 恒星社厚生閣
〒160-0008　東京都新宿区三栄町 8
TEL 03(3359)7371㈹　FAX 03(3359)7375

印刷・製本　　株式会社 デジタルパブリッシングサービス
URL http://www.d-pub.co.jp/

AE179

ISBN978-4-7699-1158-6　Printed in Japan